# 高校入試 10日でできる 図形

## 特長と使い方

◆1日4ページずつ取り組み，10日間で高校入試直前に弱点が克服でき，実戦力が強化できます。

**例題と解法** 解法の穴埋めをして，基本の考え方を身につけましょう。

ここをおさえる!

入試で問われることと，その対策をまとめています。

確認!

問題を解くための重要ポイントをまとめています。

**入試実戦テスト** 入試問題を解いて，実戦力を養いましょう。

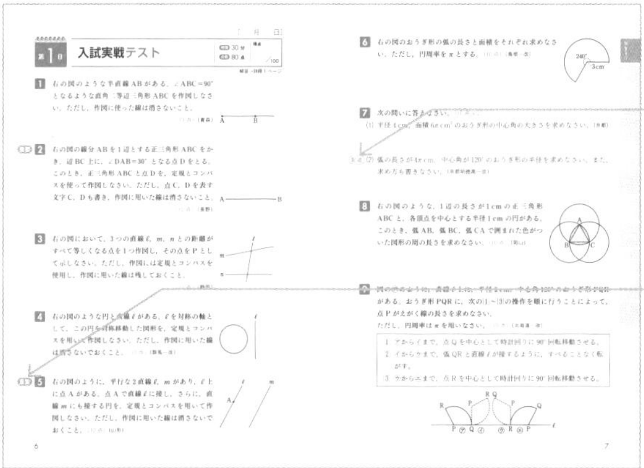


記述

記述式の問題です。

重要

よく出題される問題です。

◆巻末には「総仕上げテスト」として，総合的な問題や，思考力が必要な問題を取り上げたテストを設けています。10日間で身につけた力を試しましょう。

# 目次と学習記録表

◆学習日と入試実戦テストの得点を記録して，自分自身の弱点を見極めましょう。
◆１回だけでなく，復習のために２回取り組むことでより理解が深まります。



本書に関する最新情報は，小社ホームページにある**本書の「サポート情報」**をご覧ください。(開設していない場合もございます。)
なお，この本の内容についての責任は小社にあり，内容に関するご質問は直接小社におよせください。

## 出題傾向

### ◆「数学」の出題割合と傾向

〈「数学」の出題割合〉

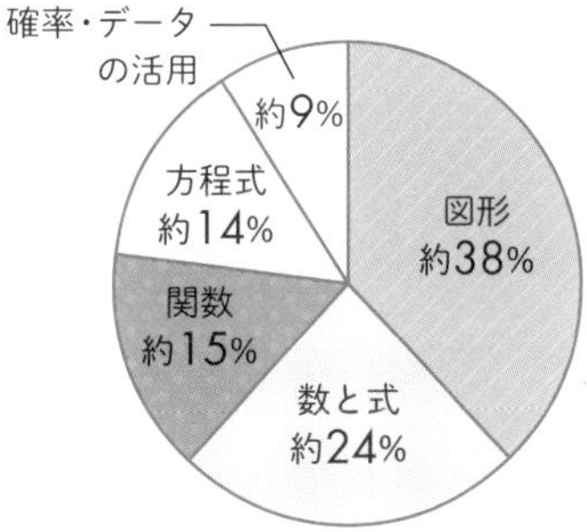


〈「数学」の出題傾向〉

- 過去から出題内容の割合に大きな変化はない。
- 各分野からバランスよく出題されている。
- 各単元が混ざり合って，融合問題になるケースも少なくない。
- 答えを求める過程や考え方を要求される場合もある。

### ◆「図形」の出題傾向

- 相似と三平方の定理を組み合わせた問題がほとんどで，円との融合問題も多い。
- 作図や証明問題もよく出るので，作図のしかたや証明の進め方をしっかり練習しておこう。

## 合格への対策

### ◆入試問題に慣れよう

まずは，基本的な公式や定理などをきちんと覚えているか，教科書で確認しましょう。次に，それらを使いこなせるように練習問題をこなしていきましょう。

### ◆間違いの原因を探ろう

間違えてしまった問題は，それが計算ミスによるものなのか，それとも理解不足なのか，その原因を追究しましょう。そして，計算ミスの内容を書き出したり，理解不足な問題の類題を繰り返し解いたりしましょう。

### ◆条件を整理しよう

条件文の長い問題が増加しています。条件を整理して表や線分図にしたり，図にかきこんだりすると突破口になる場合があるので，普段から習慣づけておくとよいでしょう。

［　月　日］

# 第1日 平面図形の基本

解答→別冊1ページ

## 1 基本の作図

**例題 ① 右の△ABCで，点Aを通り，△ABCの面積を2等分する直線を作図しなさい。ただし，作図には定規とコンパスを用い，作図に用いた線は消さずに残しておくこと。**

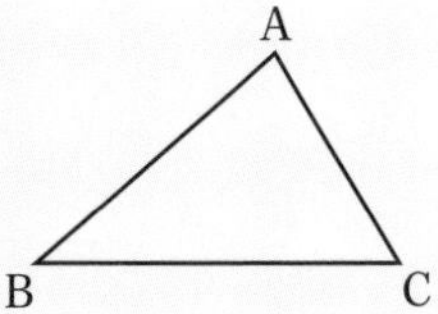


確認! 基本の作図には，次の3つがある。
㋐線分の垂直二等分線　㋑角の二等分線　㋒垂線

解法 辺BCの中点Mを作図して，直線AMをひく。

① 点B，点［①　　］をそれぞれ中心として，等しい半径の円をかく。
② この2つの円の交点を結ぶ。←①と②は垂直二等分線の作図
③ ②の直線と辺［②　　］の交点がMである。
④ 点AとMを通る直線をひく。　答 **右の図**

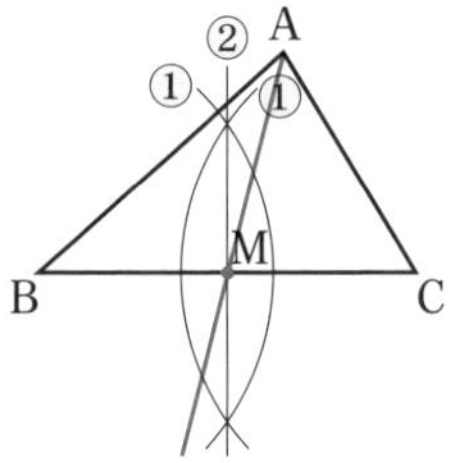


## 2 円の接線の作図

**例題 ② 半径5cmの円Oの周上に点Pをとり，Pを通る円Oの接線をひきなさい。**

確認! 円の接線は，その接点を通る半径に垂直である。
角の2辺に接する円の中心は，その角の二等分線上にある。

解法 点Pにおける接線はPを通る［①　　］に垂直であることを利用して，次のように作図する。

① 半径5cmの円Oの周上に点Pをとり，半直線OPをひく。
② 点Pを中心とした円をかき，半直線OPとの交点をA，Bとする。
③ 点A，Bを中心とした半径の等しい［②　　］をかき，2つの円の交点をQとする。
④ 点PとQを通る直線をひく。←②，③，④は垂線の作図で，AB⊥PQ　答 **上の図**

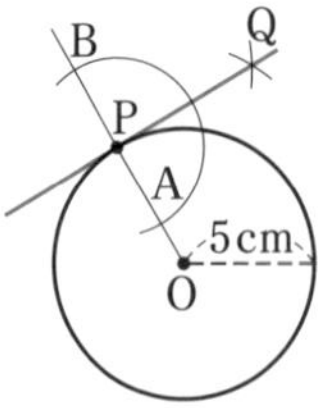

ここをおさえる!
① **基本の作図**(垂直二等分線, 角の二等分線, 垂線)は必ずおさえる。
② **円の接線**の性質を理解し, 作図できるようにしておく。
③ おうぎ形の弧の長さと面積を求める**公式**をしっかり覚える。

## 3 おうぎ形の弧の長さと面積

**例題 ③** 次の問いに答えなさい。ただし, 円周率は$\pi$とする。

(1) 半径6 cm, 中心角150°のおうぎ形について答えなさい。
①弧の長さを求めなさい。
②面積を求めなさい。

(2) 半径12 cm, 弧の長さ$9\pi$ cmのおうぎ形の中心角の大きさを求めなさい。

確認! おうぎ形の半径を$r$, 中心角を$a°$とすると,

弧の長さ　$\ell=2\pi r\times\frac{a}{360}$

面　積　$S=\pi r^2\times\frac{a}{360}$　　$S=\frac{1}{2}\ell r$

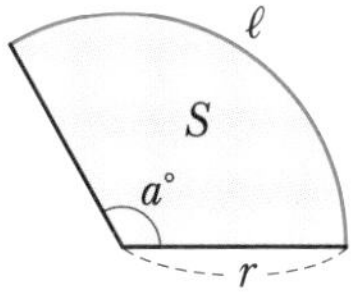


**解法** (1) ① $2\pi\times6\times\frac{150}{360}=$ [①] **(cm)** ……答

② $\pi\times6^2\times\frac{150}{360}=$ [②] **(cm²)** ……答

別解 公式「$S=\frac{1}{2}\ell r$」を用いる。①より面積は,

$\frac{1}{2}\times$ [③] $\times6=$ [④] **(cm²)** ……答

(2) 中心角を$x°$とすると,　← $2\pi r\times\frac{x}{360}=\ell$ に $r$, $\ell$ の値を代入する

$2\pi\times$ [⑤] $\times\frac{x}{360}=9\pi$

$x=\frac{9\times360}{24}=$ [⑥]

答 **135°**

別解 半径12 cmの円の円周の長さは,

$2\pi\times$ [⑦] $=24\pi$(cm)

1つの円で, おうぎ形の弧の長さは中心角の大きさに比例するから, 中心角を$x°$とすると,

$9\pi$ : [⑧] $=x:360$　←(おうぎ形の弧の長さ):(円周)=(中心角の大きさ):360

これを解いて, $x=135$

答 **135°**

［　月　日］

# 第1日 入試実戦テスト

時間 30分　合格 80点　得点 ／100

解答→別冊1ページ

**1** 右の図のような半直線ABがある。∠ABC＝90°となるような直角二等辺三角形ABCを作図しなさい。ただし，作図に使った線は消さないこと。

（10点）〔青森〕

重要 **2** 右の図の線分ABを1辺とする正三角形ABCをかき，辺BC上に，∠DAB＝30°となる点Dをとる。このとき，正三角形ABCと点Dを，定規とコンパスを使って作図しなさい。ただし，点C，Dを表す文字C，Dも書き，作図に用いた線は消さないこと。

（10点）〔長野〕

**3** 右の図において，3つの直線$\ell$，$m$，$n$との距離がすべて等しくなる点を1つ作図し，その点をPとして示しなさい。ただし，作図には定規とコンパスを使用し，作図に用いた線は残しておくこと。

（10点）〔静岡〕

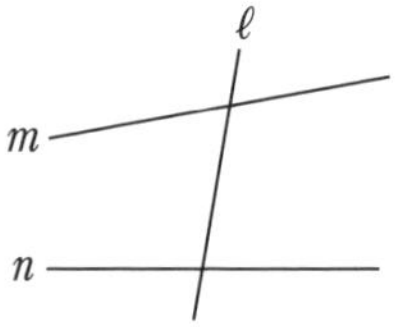


**4** 右の図のような円と直線$\ell$がある。$\ell$を対称の軸として，この円を対称移動した図形を，定規とコンパスを用いて作図しなさい。ただし，作図に用いた線は消さないでおくこと。（10点）〔群馬一改〕

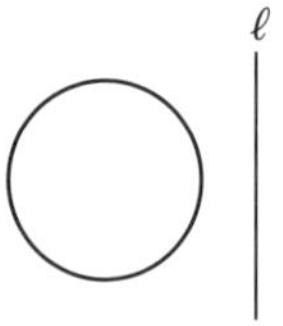


重要 **5** 右の図のように，平行な2直線$\ell$，$m$があり，$\ell$上に点Aがある。点Aで直線$\ell$に接し，さらに，直線$m$にも接する円を，定規とコンパスを用いて作図しなさい。ただし，作図に用いた線は消さないでおくこと。（10点）〔山形〕

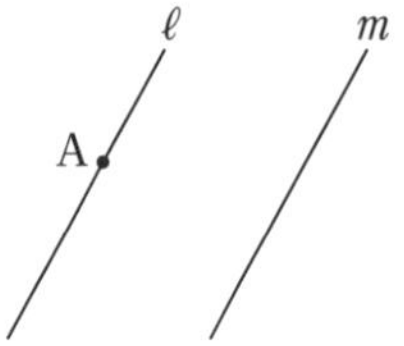

**6** **右の図のおうぎ形の弧の長さと面積をそれぞれ求めなさい。ただし，円周率を $\pi$ とする。**（10 点）〔島根一改〕

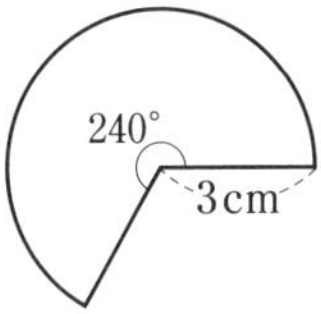


**7** **次の問いに答えなさい。**（10 点 × 2）

(1) 半径 4 cm，面積 $6\pi$ cm$^2$ のおうぎ形の中心角の大きさを求めなさい。〔京都〕

(記述) (2) 弧の長さが $4\pi$ cm，中心角が 120° のおうぎ形の半径を求めなさい。また，求め方も書きなさい。〔京都明徳高一改〕

**8** **右の図のような，1 辺の長さが 1 cm の正三角形 ABC と，各頂点を中心とする半径 1 cm の円がある。このとき，弧 AB，弧 BC，弧 CA で囲まれた色がついた図形の周の長さを求めなさい。**（10 点）〔岡山〕

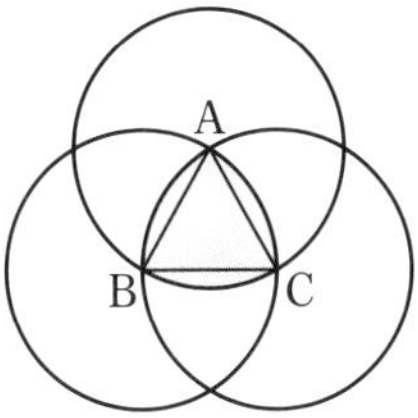


**9** **図の㋐のように，直線 $\ell$ 上に，半径 2 cm，中心角 120° のおうぎ形 PQR がある。おうぎ形 PQR に，次の1〜3の操作を順に行うことによって，点 P がえがく線の長さを求めなさい。**
**ただし，円周率は $\pi$ を用いなさい。**（10 点）〔北海道一改〕

| |
|---|
| 1 ㋐から㋑まで，点 Q を中心として時計回りに 90° 回転移動させる。 |
| 2 ㋑から㋒まで，弧 QR と直線 $\ell$ が接するように，すべることなく転がす。 |
| 3 ㋒から㋓まで，点 R を中心として時計回りに 90° 回転移動させる。 |

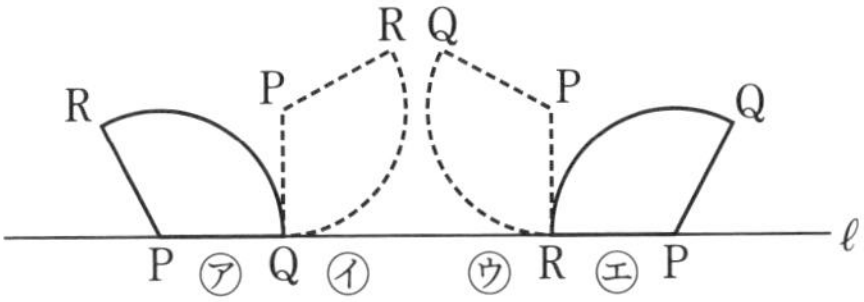

[　月　日]

# 第2日 空間図形の基本

解答→別冊3ページ

## 1 投影図

**例題 ①** **右の投影図で表される立体を，次のア～エから選びなさい。**

**ア** 立方体　**イ** 直方体
**ウ** 三角柱　**エ** 三角錐

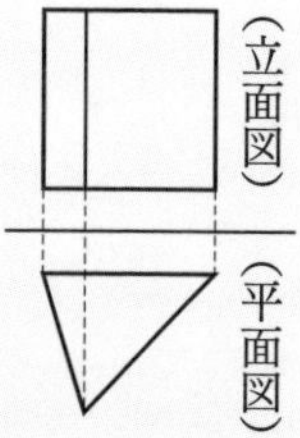


確認! 立体を真正面から見た図を立面図，真上から見た図を平面図といい，立面図と平面図を合わせた図を投影図という。

解法 この立体は，立面図が [①　　] なので柱体である。さらに，平面図が三角形なので，[②　　] である。

答 **ウ**

## 2 空間内の辺や面の位置関係

**例題 ②** **右の直方体について，次の辺や面をすべて答えなさい。**

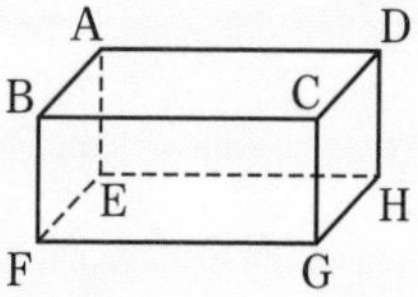


(1) 辺 AB と平行な辺　(2) 辺 AB と垂直に交わる辺
(3) 辺 AB とねじれの位置にある辺
(4) 辺 AE と垂直な面　(5) 辺 BC と平行な面

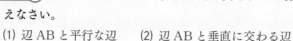

確認! 空間内の 2 直線の位置関係は，次の 3 つの場合がある。
㋐交わる　㋑平行である　㋒ねじれの位置にある
空間内の平面と直線の位置関係は，次の 3 つの場合がある。
㋐交わる　㋑平行である　㋒直線が平面にふくまれる

解法
(1) **辺 DC，辺 HG，辺** [①　　]
(2) **辺 AE，辺 BF，辺 AD，辺** [②　　]　←交わってできる角が直角の辺
(3) **辺 EH，辺 FG，辺 CG，辺** [③　　]　←(1)以外の辺のうち辺 AB と交わらない辺
(4) **面 ABCD，面** [④　　]　(5) **面** [⑤　　]**，面 EFGH**

ここをおさえる！
① 与えられた**投影図**がどんな立体を表しているかわかるようにしておく。
② 空間図形の辺や面の**平行・垂直・ねじれの位置**を理解しておく。
③ **錐体(すいたい)の体積**を求めるときは，底面積×高さに忘れず $\frac{1}{3}$ をかける。

## 3 立体の計量

**例題 ③ 次の立体の体積と表面積を求めなさい。ただし，円周率は $\pi$ とする。**

(1)

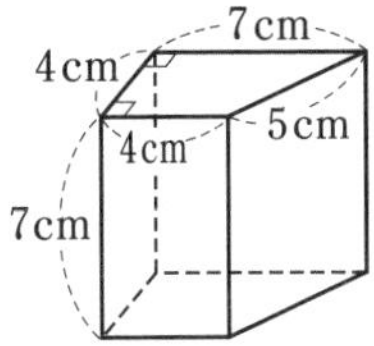


(2)

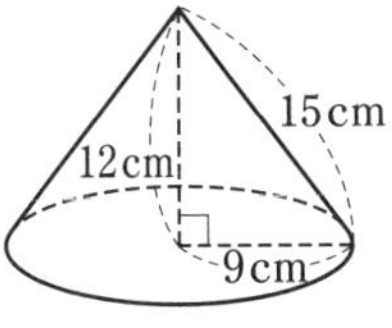


確認！
角柱・円柱の体積＝底面積×高さ　角錐・円錐の体積＝$\frac{1}{3}$×底面積×高さ
角柱・円柱の表面積＝側面積＋底面積×2
角錐・円錐の表面積＝側面積＋底面積

**解法** (1) 立体の底面積は，$\frac{1}{2}\times(7+4)\times$ ①＿＿＝22(cm²)

よって，体積は，22×7＝ ②＿＿ **(cm³)** ……答

立体の展開図をかくと，右の図のように側面は長方形になり，側面積は，

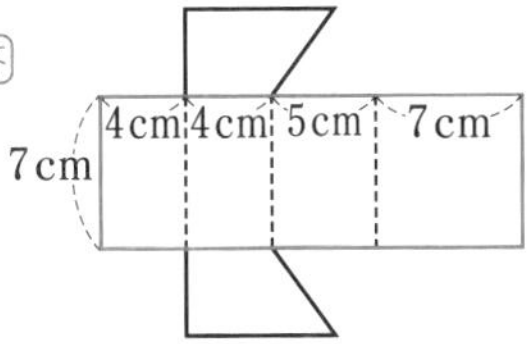


7×(4＋ ③＿＿ ＋5＋7)＝ ④＿＿ (cm²)

したがって，表面積は，140＋ ⑤＿＿ ×2＝**184(cm²)** ……答

(2) 立体の底面積は，$\pi\times9^2$＝ ⑥＿＿ (cm²)

よって，体積は，$\frac{1}{3}\times81\pi\times12$＝ ⑦＿＿ **(cm³)** ……答

展開図をかくと右の図のようになり，側面のおうぎ形の弧の長さは，底面の円周に等しくなるので，中心角を $x°$ とすると，

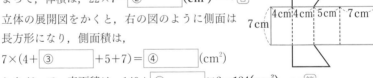

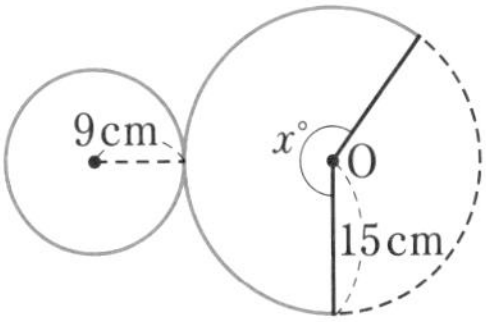


$2\pi\times15\times\frac{x}{360}=2\pi\times$ ⑧＿＿

これを解いて，$x=216$ だから，側面積は，

$\pi\times15^2\times\frac{216}{360}$＝ ⑨＿＿ (cm²)

したがって，表面積は，

$135\pi+81\pi$＝ ⑩＿＿ **(cm²)** ……答

注　側面積は $S=\frac{1}{2}\ell r$ を用いて求めてもよい。
$S=\frac{1}{2}\times18\pi\times15=135\pi$(cm²)

［　月　日］

# 第2日 入試実戦テスト

時間 30分　合格 80点　得点 ／100

解答→別冊3ページ

**1** 右の図のように，底面の直径が8 cm，高さが8 cmの円柱がある。この円柱の表面積を求めなさい。ただし，円周率は$\pi$を用いることとする。（10点）〔千葉〕

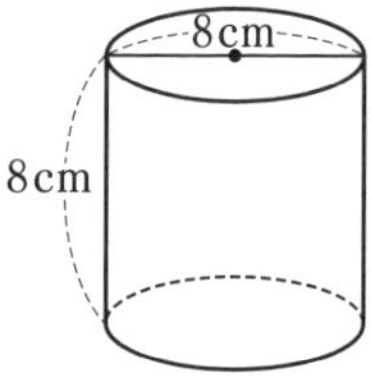


重要 **2** 右の図のような，正四角錐（せいしかくすい）の投影図がある。この投影図において，立面図は1辺が6 cm，高さが$3\sqrt{3}$ cmの正三角形である。（10点×2）〔京都〕

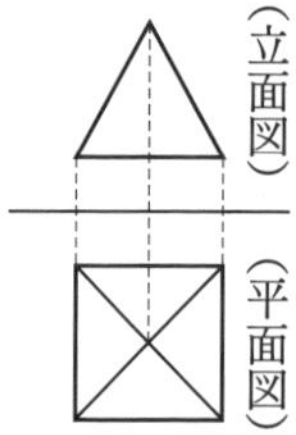


(1) この正四角錐の体積を求めなさい。

(2) この正四角錐の表面積を求めなさい。

**3** 右の図は2つの立体の投影図である。立体Aと立体Bは，立方体，円柱，三角柱，円錐，三角錐，球のいずれかであり，2つの立体の体積は等しい。平面図の円の半径が，立体Aが4 cm，立体Bが3 cmのとき，立体Aの高さ$h$の値を求めなさい。（10点）〔鳥取〕

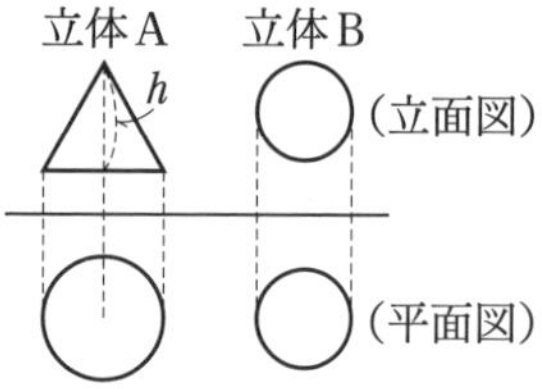


**4** 右図において，四角形ABCDは長方形であり，AB=6 cm，AD=3 cmである。四角形ABCDを直線DCを軸として1回転させてできる立体をPとする。（5点×2）〔大阪〕

(1) 次の**ア**～**エ**のうち，立体Pの見取図として最も適しているものはどれですか。1つ選び，記号を○で囲みなさい。

**ア**
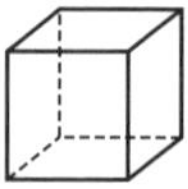

**イ**
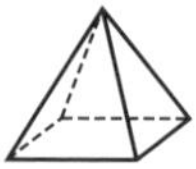

**ウ**

**エ**

(2) 円周率を$\pi$として，立体Pの体積を求めなさい。

**5** **右の図は円錐の展開図で，底面の円の半径が 3 cm，側面のおうぎ形の半径が 8 cm である。側面のおうぎ形の中心角を求めなさい。**（10 点）〔京都〕

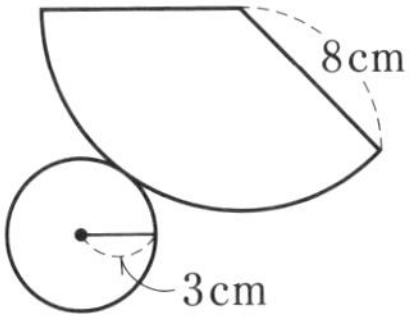


**6** **右の図のように，直方体から三角柱を切り取った立体がある。辺 CG とねじれの位置にある辺は何本ありますか。**（10 点）〔長野〕

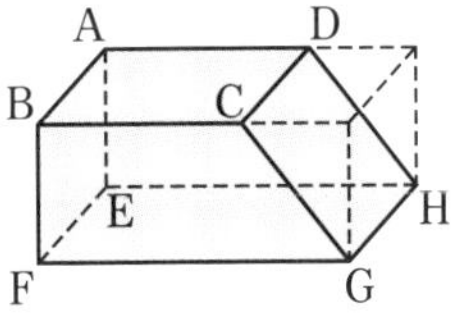


重要 **7** **右の図のような立方体 ABCD-EFGH がある。図 1 のように立方体の表面に対角線 BD，DE，EB をひき，立方体の表面の，点 A を頂点とする △ABD，△ADE，△AEB に色をぬった。**
**この立方体を，頂点 A を通る 3 辺，頂点 G を通る 3 辺，さらにもう 1 つの辺で切り，色をぬった面を表に開いたら，その展開図の形は図 2 のようになった。**

（10 点 × 2）〔山形一改〕

**図 1**

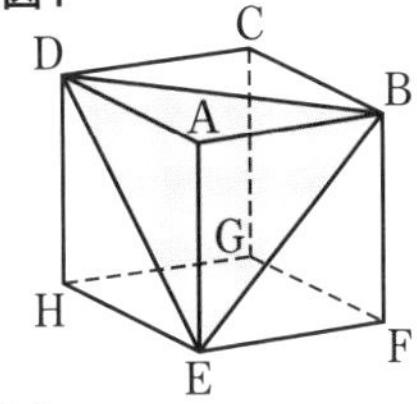


**図 2**

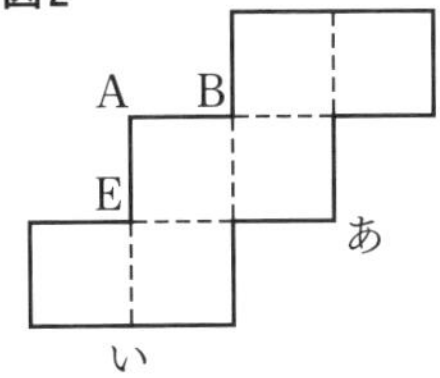


(1) 色をぬった部分はどこですか。**図 2** の展開図に▨のような斜線で示しなさい。

(2) 展開図のあ，いにあたる点を，立方体の頂点 A ～ H からそれぞれ 1 つ選び，記号で答えなさい。

**8** **右の図の台形 ABCD を，辺 AB を軸として 1 回転させてできる立体の体積を求めなさい。ただし，円周率は $\pi$ とする。**（10 点）〔福島〕

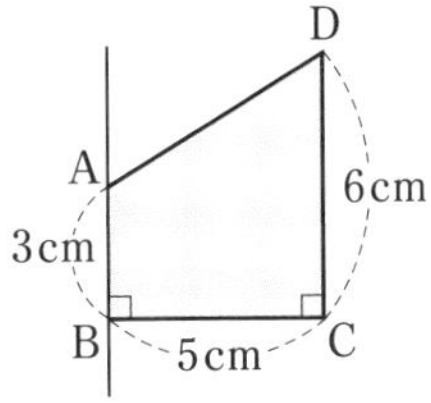

［　　月　　日］

# 第3日 図形と角

解答→別冊４ページ

## 1 平行線と同位角・錯角（さっかく）

例題① 右の図で，$\ell /\!/ m$ である。$\angle x$ の大きさを求めなさい。

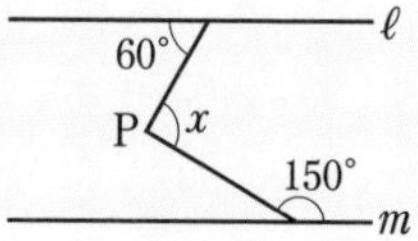


確認！ 平行な２直線に１つの直線が交わるとき，同位角・錯角は等しい。
平行な２直線に折れ曲がった線が交わっているとき，折れ曲がったところで，２直線に平行な直線をひく。
（右下の図参照）

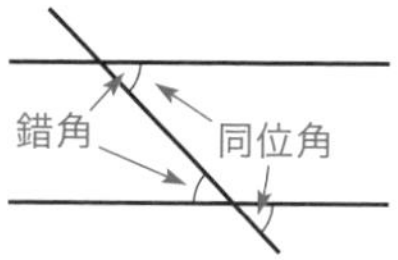


解法 点Pを通り，直線 $\ell$，$m$ に平行な直線CDをひく。←同位角・錯角ができる

$\ell /\!/$ CDから，［①　　］が等しいので，

$\angle$APD＝60°

$m /\!/$ CDから，［②　　］が等しいので，

$\angle$BPD＝180°−150°＝［③　　］

よって，$\angle x$＝60°＋30°＝［④　　］……答

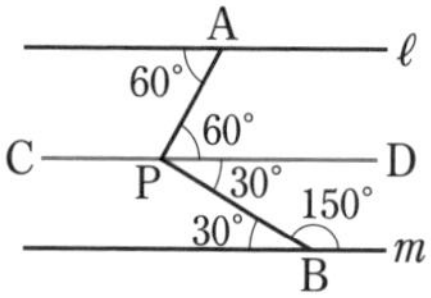


## 2 三角形の角

例題② 次の図で，$\angle x$ の大きさを求めなさい。

(1)

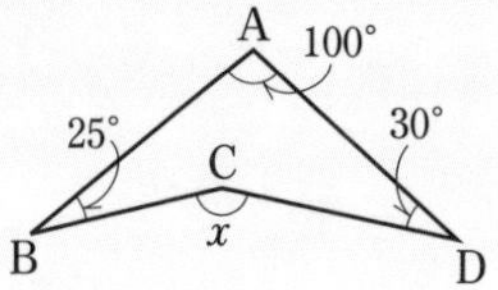


(2)

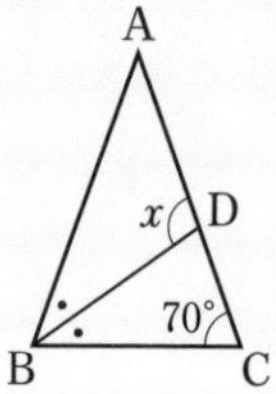


（AB＝AC
BDは $\angle$Bの
二等分線）

確認！ 三角形の外角は，それととなり合わない２つの内角の和に等しい。
二等辺三角形の２つの底角は等しい。
△ABCで，AB＝AC ならば，$\angle$B＝$\angle$C

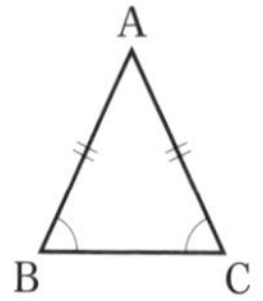

ここをおさえる！
① 平行線と角の問題では，**同位角・錯角**が等しいことを用いる。
② 二等辺三角形では，2 つの**底角**が等しいことを用いる。
③ $n$ 角形の**内角**の和は **180°×($n$−2)**，**外角**の和は **360°**（一定）を覚える。

解法 (1) 右の図のように，直線 AC をひくと，

$\angle x = 25° + 30° +$ ①［　　］$= \mathbf{155°}$ ……答

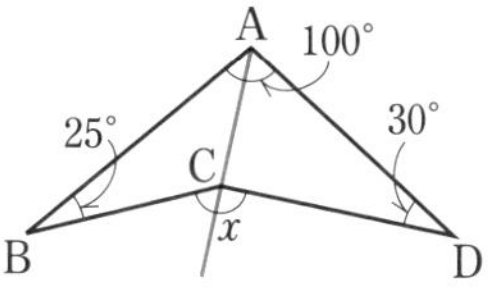


$\angle x = \angle A + \angle B + \angle D$

(2) △ABC で，AB＝AC だから，

$\angle B = \angle C = 70°$

BD は ∠B の二等分線だから，

$\angle DBC = \frac{1}{2}\angle B =$ ②［　　］

$\angle x = \angle DBC + 70° =$ ③［　　］……答

## 3 多角形の内角・外角

例題 ③ 次の問いに答えなさい。

(1) 右の図で，$\angle x$ の大きさを求めなさい。

(2) 正九角形の 1 つの外角の大きさを求めなさい。

(3) 正十二角形の 1 つの内角の大きさを求めなさい。

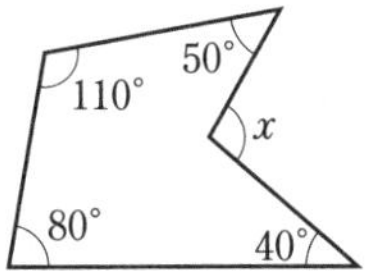


確認！ $n$ 角形の内角の和は，180°×($n$−2)

多角形の外角の和は，360°

解法 (1) 五角形の内角の和は，　←右のような図でも公式が使える

180°×(①［　　］−2)＝180°×3＝540°

540°−(110°＋80°＋40°＋50°)＝②［　　］

$\angle x = 360° - 260° =$ ③［　　］……答

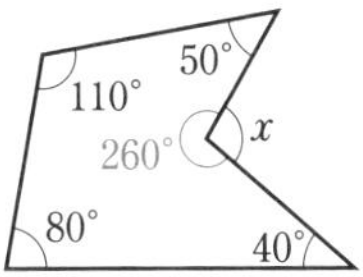


(2) 多角形の外角の和はつねに一定で，④［　　］° である。

正九角形の外角はすべて等しいから，

360°÷⑤［　　］＝**40°** ……答

(3) 正十二角形の内角の和は，

180°×(⑥［　　］−2)＝180°×10＝1800°

正十二角形の内角はすべて等しいから，

1800°÷12＝⑦［　　］……答

別解 正十二角形の 1 つの外角の大きさは，360°÷⑧［　　］＝30°

よって，1 つの内角の大きさは，180°−30°＝⑨［　　］

［　月　日］

# 第3日 入試実戦テスト

時間 30分　合格 80点　得点 ／100

解答→別冊4ページ

## 1 次の図で，$\ell /\!/ m$ のとき，$\angle x$ の大きさを求めなさい。（5点×3）

(1)

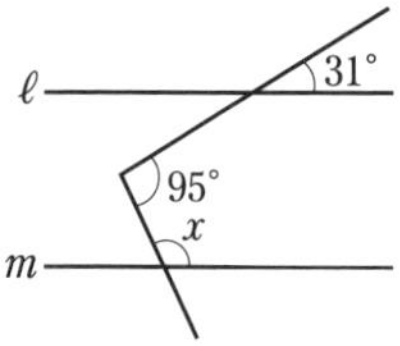


〔栃木〕

(2)

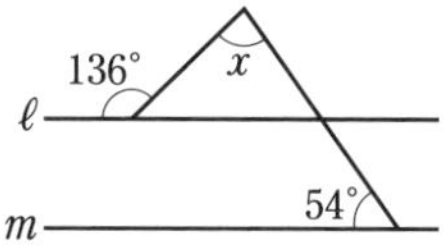


〔兵庫〕

(3)

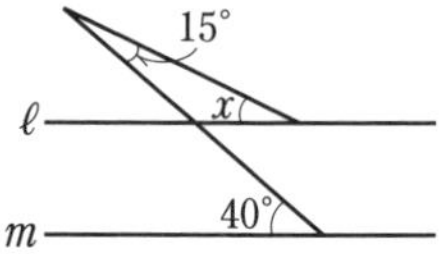


〔石川〕

## 2 次の図で，$\angle x$ の大きさを求めなさい。（5点×4）

(1) （AB＝AC）

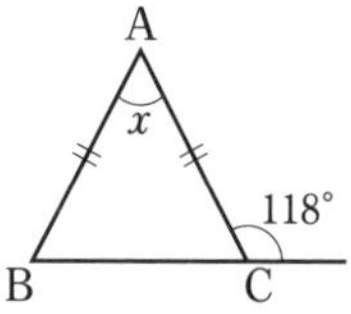


〔栃木〕

(2)

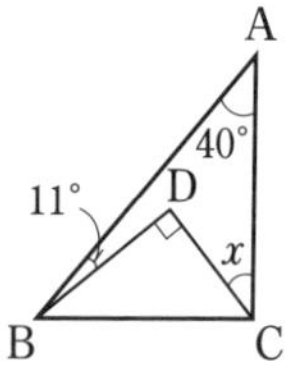


〔佐賀〕

(3) （DB＝DC＝AC）

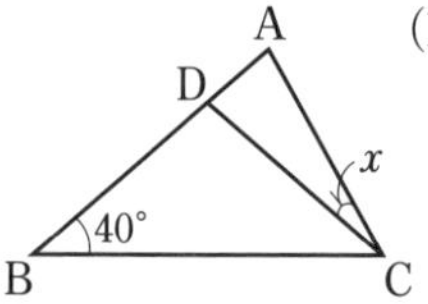


〔鹿児島〕

(4)

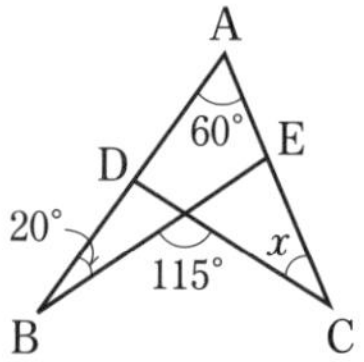


〔山口〕

## 3 次の問いに答えなさい。（6点×4）

(1) 内角の和が720°である多角形は何角形ですか。〔福島〕

(2) 正八角形の1つの内角の大きさを求めなさい。〔北海道〕

(3) 正六角形の1つの外角の大きさを求めなさい。〔栃木〕

(4) 正 $n$ 角形の1つの外角が30°であるとき，$n$ の値を求めなさい。

**4** 次の問いに答えなさい。(7点×2)

(1) 右の図で，2直線$\ell$，$m$は平行である。このとき，$\angle a$の大きさを求めなさい。〔秋田〕

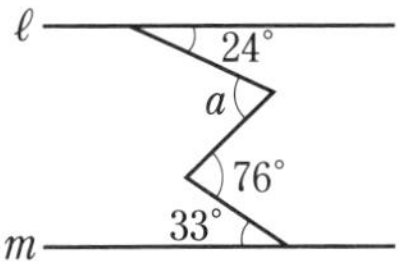


(2) 右の図で，$\ell /\!/ m$，AB＝AC であるとき，$\angle x$の大きさを求めなさい。〔福井〕

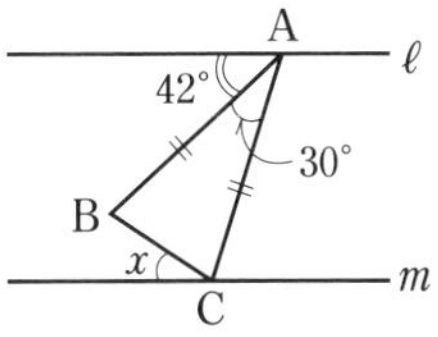


記述 **5** **△ADEは，△ABCを右の図のように，頂点Aを中心としてDA∥BCとなるように回転させた三角形である。∠BAE＝52°，∠BCA＝62°のとき，∠ABCの大きさを求めなさい。また，求め方も書きなさい。**(9点)〔青森一改〕

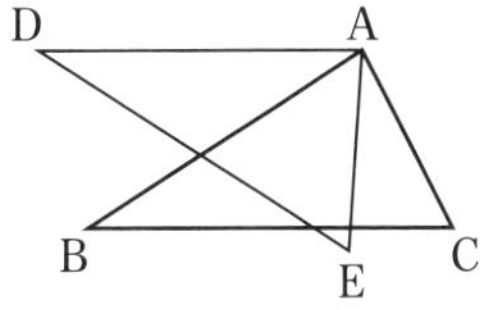


重要 **6** **右の図の$\angle x$の大きさを求めなさい。**(8点)〔富山〕

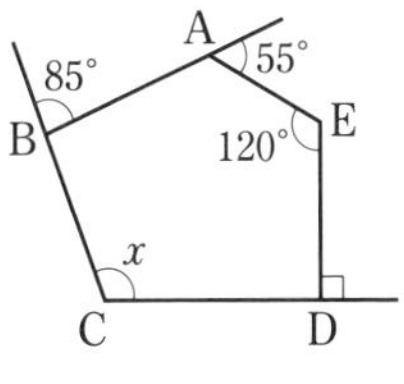


重要 **7** **右の図のような正五角形ABCDEがある。線分ADと線分BEとの交点をFとするとき，∠EFDの大きさを求めなさい。**(10点)〔茨城〕

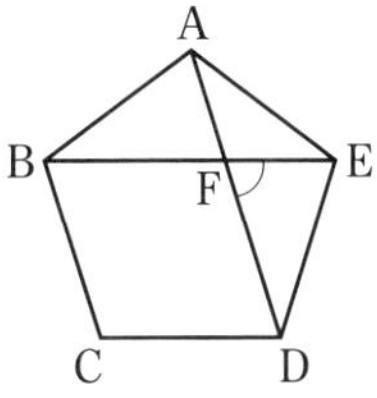

［　月　日］

# 第4日 三角形

解答→別冊 6 ページ

## 1 三角形の合同

例題 ① **右の図のように，二等辺三角形 ABC で，等しい辺 AB，AC のそれぞれの中点を M，N とすると，BN＝CM となることを証明しなさい。**

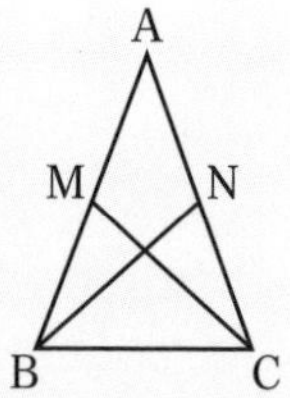


確認! 三角形の合同条件 ①３組の辺がそれぞれ等しい。
②２組の辺とその間の角がそれぞれ等しい。
③１組の辺とその両端の角がそれぞれ等しい。

解法 〔証明〕△ABN と △ACM において，　←BN，CM をふくむ三角形

仮定より，AB＝［①　　　］……①

M，N はそれぞれ AB，AC の［②　　　］だから，

①より，AN＝AM……②

また，共通な角だから，

∠BAN＝∠CAM……③

①，②，③より，［③　　　　　］がそれぞれ等しいから，　←三角形の合同条件

△ABN≡△ACM

合同な図形において，対応する辺は［④　　　］から，

BN＝CM

例題 ② **右の図のように，長方形 ABCD を対角線 AC を折り目として折り返したところ，点 D は D′ に移動した。AD′ と BC の交点を E として，△ABE と △CD′E とは合同であることを証明しなさい。**

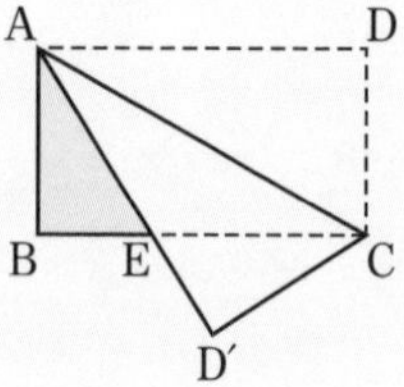


確認! 合同の証明には，「対頂角は等しい」「長方形の対辺は等しい」などの図形の性質を使う。

ここをおさえる!

① **合同**な三角形を表すときは，対応する頂点の順に表す。
② 三角形の**合同**の証明では，辺や角が共通していないか注意する。
③ 直角三角形の合同条件では，必ず**斜辺**が等しいことを示す。

解法

〔証明〕△ABE と △CD′E において，

∠ABE＝∠CD′E＝90° ……①

対頂角は等しいから，

∠AEB＝∠ [ ① ] ……②

①，②より，∠BAE＝∠D′CE ……③

長方形 ABCD より，

AB＝ [ ② ] ＝CD′ ……④

①，③，④より， [ ③ ] がそれぞれ等しいから，　←三角形の合同条件

△ABE≡△CD′E

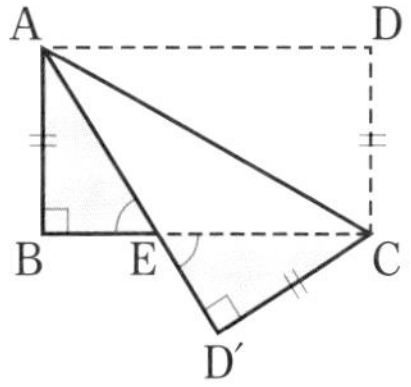


## 2 直角三角形の合同

**例題 ③ 右の図のように，∠XOY の二等分線上の1点をPとし，P から OX，OY に垂線をひき，OX，OY との交点をそれぞれ A，B とすれば，PA＝PB であることを証明しなさい。**

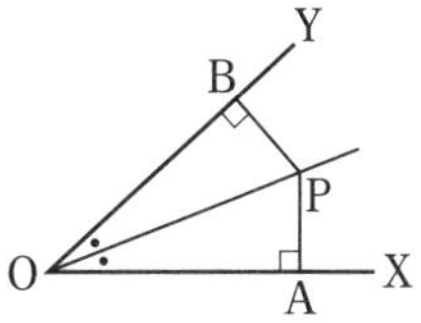


確認!　直角三角形の合同条件　①斜辺と 1 つの鋭角がそれぞれ等しい。
②斜辺と他の 1 辺がそれぞれ等しい。

解法

〔証明〕△AOP と △BOP において，　←PA，PB をふくむ三角形

仮定より，∠AOP＝∠BOP ……①

OP は共通 ……②

∠OAP＝∠ [ ① ] ＝90° ……③

①，②，③より，直角三角形の [ ② ] 　←直角三角形の合同条件

がそれぞれ等しいから，

△ [ ③ ] ≡△BOP

合同な図形において，対応する辺は等しいから，

PA＝PB

［　　月　　日］

# 第4日 入試実戦テスト

時間 35 分　合格 80 点　得点 ／100

解答→別冊 6 ページ

**1** 右の図のように，正三角形 ABC があり，辺 AC 上に点 D をとる。また，正三角形 ABC の外側に正三角形 DCE をつくる。このとき，△BCD≡△ACE であることを証明しなさい。（10 点）〔青森一改〕

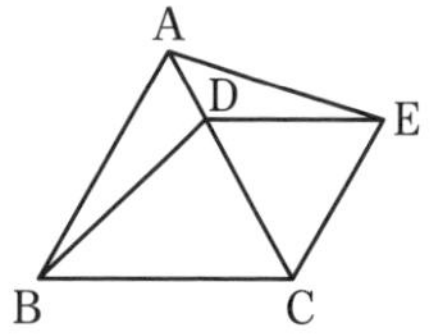


**2** ∠A＝45° である三角形 ABC がある。右の図のように，頂点 A，B からそれぞれ辺 BC，AC に垂線をひき，辺 BC，AC との交点をそれぞれ D，E とする。線分 AD と線分 BE の交点を H とするとき，△AEH≡△BEC であることを証明しなさい。（10 点）〔群馬一改〕

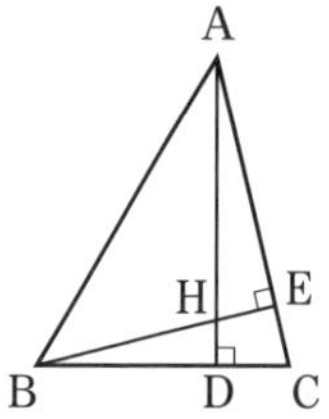


**3** 右の図のように，∠BCA＝90° の直角三角形 ABC と，辺 AB を 1 辺とする正方形 EBAD，辺 BC を 1 辺とする正方形 BFGC がある。
このとき，△ABF≡△EBC であることを証明しなさい。
（10 点）〔宮崎一改〕

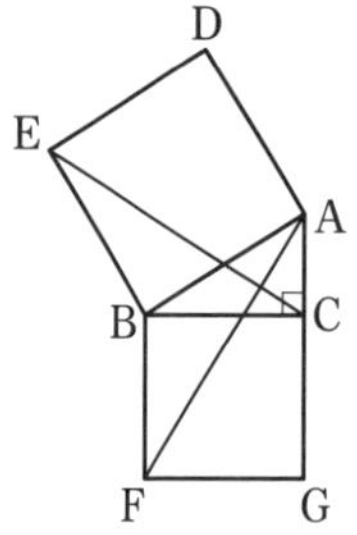


**4** 右の図のように，長方形 ABCD と，その長方形を点 B を中心として反時計回りに回転させてできる合同な長方形 EBFG がある。点 F が辺 AD 上にあるとき，辺 AD 上に点 H を，辺 BF 上に点 I を，それぞれ GH⊥AD，AI⊥BF となるようにとる。
このとき，△ABI≡△GFH であることを証明しなさい。（10 点）〔島根一改〕

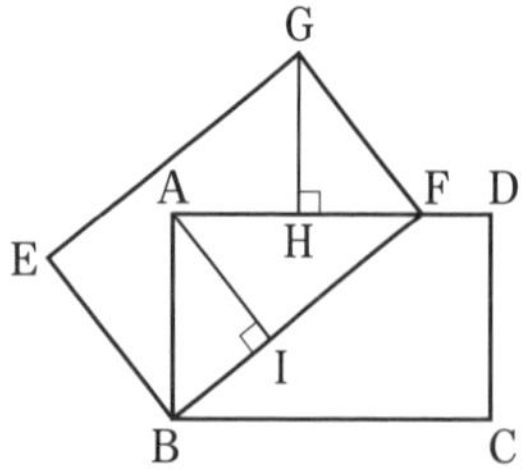

**5** 右の図のように，正方形 ABCD の辺 BC 上に B と異なる点 E をとる。B から線分 AE に垂線 BF をひき，BF の延長と辺 CD との交点を G とする。このとき，△ABE≡△BCG であることを証明しなさい。

(10 点)〔岩手〕

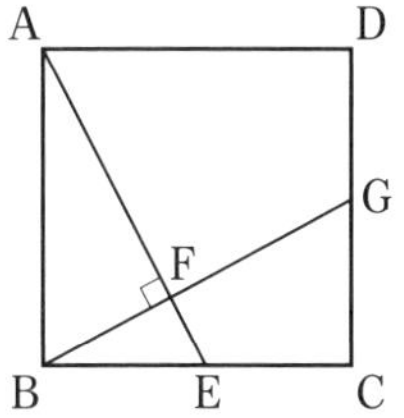


**6** 右の図において，△DBE は △ABC を，点 B を回転の中心として，DE∥AB となるように回転移動したものである。線分 AC と線分 BD の交点を F，線分 AC の延長と線分 DE の交点を G とするとき，△FDA≡△FGB であることを証明しなさい。

(10 点)〔山口〕

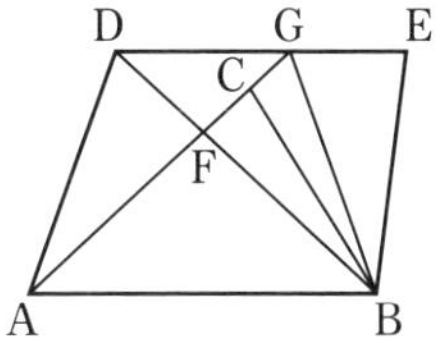


**7** 右の図は，AB>BC である長方形 ABCD の紙を，頂点 A が頂点 C と重なるように折り返したものである。頂点 D が移った点を R，折り目を PQ とするとき，次の問いに答えなさい。(10 点 × 2)〔高知一改〕

(1) △PBC≡△QRC であることを証明しなさい。

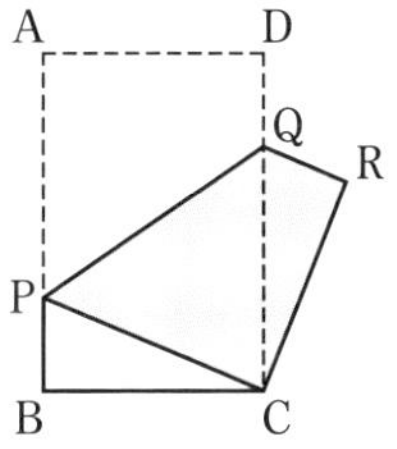


(2) ∠PCB=40° のとき，∠PQR の大きさを求めなさい。

**8** 右の図のように，頂点 A が共通な 2 つの二等辺三角形 ABC と ADE がある。それぞれの頂角 ∠BAC，∠DAE はともに 40° であるとき，次の問いに答えなさい。

(10 点 × 2)〔北海道〕

(1) AD∥BC，∠ABD=20° のとき，∠ADB の大きさを求めなさい。

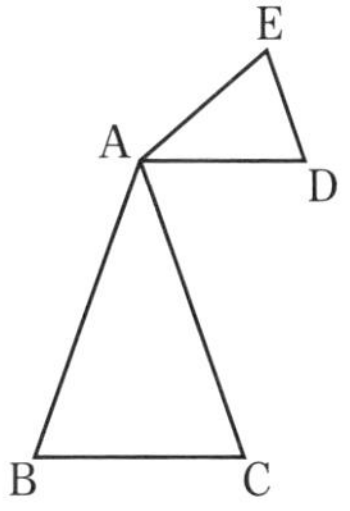


(2) △ABD≡△ACE を証明しなさい。

[　　月　　日]

# 第5日 平行四辺形

解答→別冊9ページ

## 1 平行四辺形の性質

**例題 ① 右の図のように，平行四辺形 ABCD があり，点 A から対角線 BD に垂線 AE をひく。∠ADB＝39°，∠BAE＝56° のとき，∠BCD の大きさを求めなさい。**

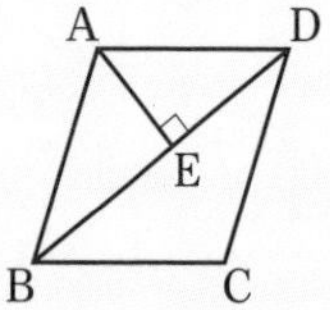


確認!

平行四辺形の性質

① 2 組の対辺はそれぞれ等しい。

② 2 組の対角はそれぞれ等しい。

③対角線はそれぞれの中点で交わる。

解法

△ADE は，直角三角形だから，

∠DAE＝180°−90°−39°＝［①　　］ ←三角形の内角の和は 180°

∠BAD＝56°＋51°＝［②　　］

平行四辺形の対角は等しいから，

∠BCD＝∠［③　　］＝**107°** ……答

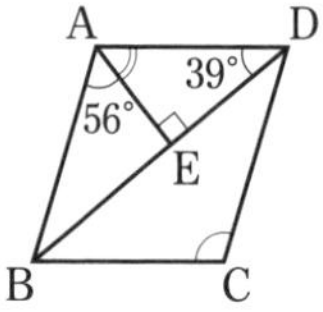


## 2 平行四辺形になる条件

**例題 ② 右の図のように，▱ABCD の辺 BC，AD 上に，BE＝DF となるように，それぞれ点 E，F をとり，A と E，C と F を結ぶ。**
**このとき，四角形 AECF は平行四辺形であることを証明しなさい。**

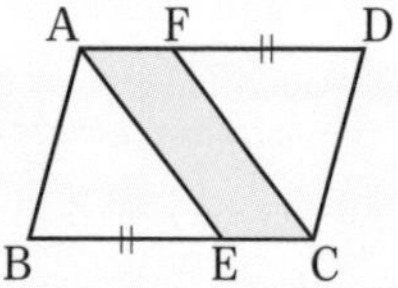


確認!

平行四辺形になる条件

① 2 組の対辺がそれぞれ平行である。(定義)

② 2 組の対辺がそれぞれ等しい。

③ 2 組の対角がそれぞれ等しい。

④対角線がそれぞれの中点で交わる。

⑤ 1 組の対辺が平行でその長さが等しい。

ここをおさえる！
① 平行四辺形の性質と平行四辺形になる条件を区別して考える。
② 平行四辺形・ひし形・長方形・正方形の**定義**や性質をしっかり覚える。
③ 三角形の**等積変形**では，共通な底辺と平行線を見つける。

**解法** 〔証明〕四角形 ABCD は平行四辺形だから，対辺が平行で等しい。

AD∥ ①［　　］……①

AD＝ ②［　　］……②

四角形 AECF において，

①より，AF∥EC ……③

また，DF＝BE だから，

②より，AD－DF＝BC－BE

よって，AF＝ ③［　　］……④

③，④より，1 組の対辺が平行でその長さが等しい ←平行四辺形になる条件

から，四角形 AECF は平行四辺形である。

## 3 等積変形

**例題 ③ 右の図で，AD∥BC である台形 ABCD の対角線の交点を O とする。**

**このとき，△AOB＝△DOC であることを証明しなさい。**

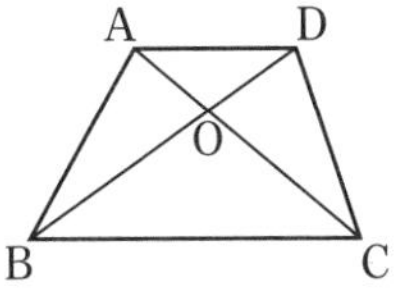


確認！ 1 つの直線上の 2 点 A，B と，その直線について同じ側にある 2 点 P，Q について，

PQ∥AB ⟺ △PAB＝△QAB

△POA＝△QOB

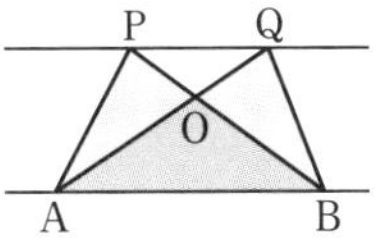


**解法** 〔証明〕△ABC と △DBC において，

AD∥BC より，底辺 BC が共通で ①［　　］が等しいから，

△ABC＝△ ②［　　］ ←面積が等しい

△ABC と △DBC のどちらも △OBC をふくむので，この両辺から △OBC の面積をひく。

△ABC－△OBC＝△DBC－△ ③［　　］

△ABC－△OBC＝△AOB，△DBC－△ ④［　　］＝△DOC だから，

△AOB＝△DOC

［　月　日］

# 第5日 入試実戦テスト

時間 35分　合格 80点　得点　／100

解答→別冊9ページ

## 1 次の問いに答えなさい。（10点×2）

(1) 右の図で，四角形ABCDは平行四辺形である。Eは辺BC上の点，Fは線分AEと∠ADCの二等分線との交点で，AE⊥DF である。
∠FEB＝56° のとき，∠BAFの大きさは何度か，求めなさい。〔愛知〕

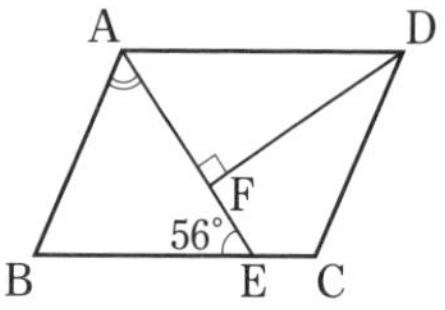


(2) 右の図で，平行四辺形ABCDの∠A，∠Dの二等分線と辺BCの交点をそれぞれE，Fとする。
AB＝6.5 cm，AD＝10 cm のとき，EFの長さを求めなさい。〔長野〕

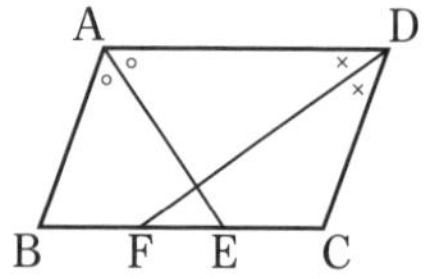


## 2

**右の図の平行四辺形ABCDにおいて，辺BC上に点Eをとり，直線AEと辺DCの延長との交点をFとする。**
**このとき，△AECと△BEFの面積が等しいことを証明しなさい。**（10点）〔鳥取〕

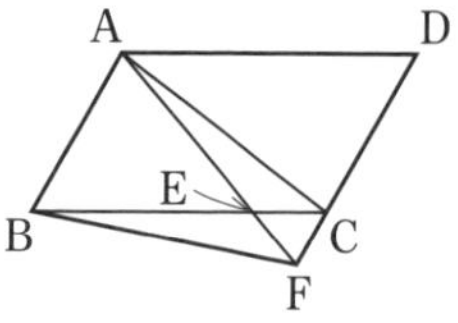


## 重要 3

**右の図のような，AB＜AD の平行四辺形ABCDがあり，辺BC上にAB＝CE となるように点Eをとり，辺BAの延長にBC＝BF となるように点Fをとる。ただし，AF＜BF とする。**
**このとき，△ADF≡△BFE となることを証明しなさい。**（10点）〔栃木〕

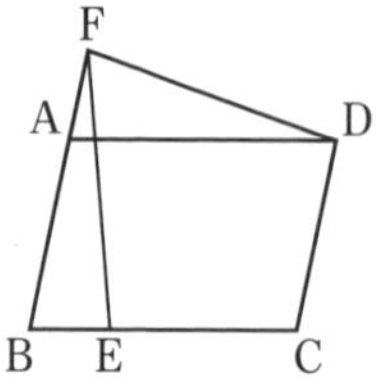

**4** **右の図のように，平行四辺形 ABCD の頂点 A，C から対角線 BD に垂線をひき，対角線との交点をそれぞれ E，F とします。**

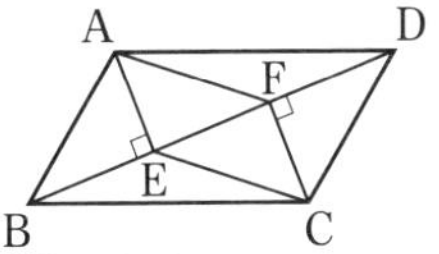


**このとき，四角形 AECF は平行四辺形であることを証明しなさい。**

(10 点)〔埼玉〕

**5** **右の図のように，長方形 ABCD があり，対角線 BD の中点を E とする。辺 AD 上に 2 点 A，D と異なる点 F をとり，2 点 E，F を通る直線と辺 BC との交点を G とする。**(10 点 × 2)〔香川〕

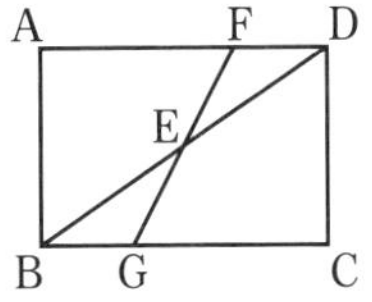


(1) BG＝DF であることを証明しなさい。

(2) 点 G を通り，対角線 BD と平行な直線をひき，辺 CD との交点を H とする。点 F と点 H を結ぶとき，FH＋GH＝BD であることを証明しなさい。

**6** **右の図のように，四角形 ABCD で，辺 BA を A の方向に延長した線上に点 P をとり，△PBC の面積が，四角形 ABCD の面積と等しくなるようにしたい。このとき，点 P の位置の決め方を説明しなさい。**(15 点)

〔福井〕

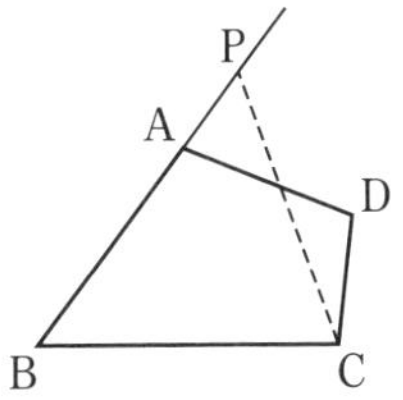


重要 **7** **直樹さんは，右の図のように，平行四辺形 ABCD の内部にあって辺上にない点 G をとって三角形をつくったとき，次の予想を立てた。**

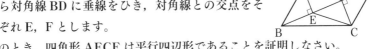

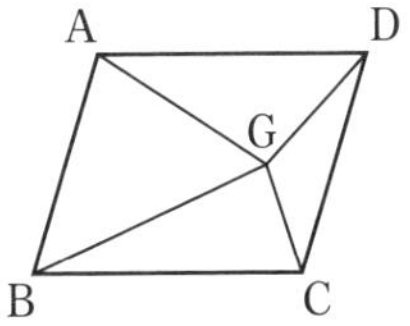


【直樹さんの予想】点 G をどこにとっても，△GAB と △GCD の面積の和は，△GDA と △GBC の面積の和に等しい。

**【直樹さんの予想】が正しい理由を説明しなさい。ただし，説明に必要となる点や線分などは，上の図にかき入れること。**(15 点)〔山梨〕

# 第6日 相似な図形 ①

解答→別冊 12 ページ

## 1 三角形の相似

**例題 ①** **∠A が直角である直角三角形 ABC において，A から BC にひいた垂線と BC の交点を D とするとき，△ABC∽△DAC であることを証明しなさい。**

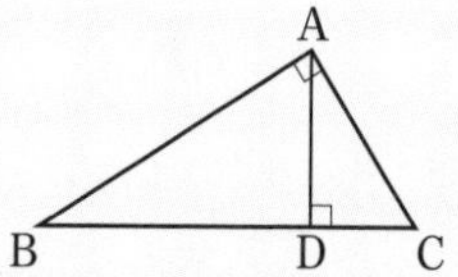


確認!
三角形の相似条件
① 3 組の辺の比がすべて等しい。
② 2 組の辺の比とその間の角がそれぞれ等しい。
③ 2 組の角がそれぞれ等しい。

解法 〔証明〕△ABC と △DAC において，
∠BAC＝∠ADC＝90° ……①
∠[ ① ]＝∠DCA ……②
①，②より，[ ② ]がそれぞれ等しいから，△ABC∽△DAC

**例題 ②** **右の図のように，AB＝6 cm，AC＝8 cm の △ABC がある。辺 AC 上に AD＝4 cm となる点 D をとり，辺 AB 上に ∠AED＝∠ACB となる点 E をとる。このとき，線分 AE の長さを求めなさい。**

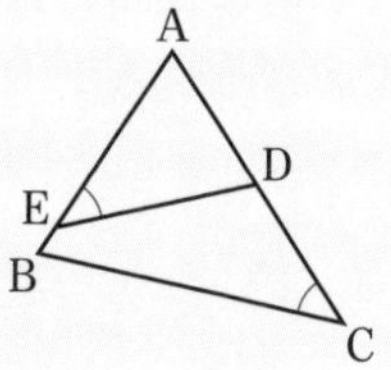


確認!
相似な図形では，対応する辺の比はすべて等しい。（相似比という。）
相似な三角形が重なっている場合は，対応する辺や角に注意する。

解法 △ADE と △ABC において，←相似な三角形をさがす
∠A は共通 ……①
仮定より，∠AED＝∠[ ① ] ……②
①，②より，2 組の角がそれぞれ等しいから，△ADE[ ② ]△ABC
よって，対応する辺の比は等しいから，AD：AB＝[ ③ ]：AC
したがって，4：6＝AE：8 より，AE＝[ ④ ]**(cm)** ……答

ここをおさえる!

① 三角形の**相似**の証明では「2組の角がそれぞれ等しい」をよく用いる。
② 平行線と線分の比では，等しい比になる線分の組をさがす。
③ 中点どうしを結ぶ線分があれば，**中点連結定理**の利用を考える。

## 2 平行線と線分の比

**例題 ③** **次の図で，DE∥BC とするとき，$x$，$y$ の値を求めなさい。**

(1)

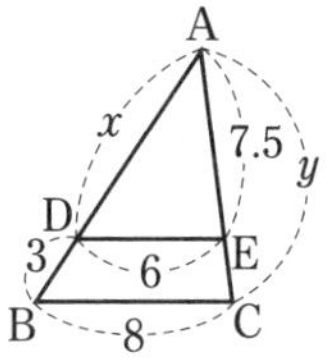


(2)

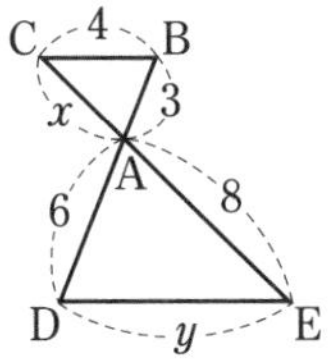


確認! △ABC の辺 AB，AC あるいはその延長上の点をそれぞれ点 D，E とするとき，DE∥BC ならば，

AD : AB＝AE : AC＝DE : BC　AD : DB＝AE : EC

解法 (1) DE∥BC より，AD : AB＝DE : [①]＝[②] : AC

よって，$x:(x+3)=6:8$　$6(x+3)=8x$　$x=$[③] ……答

$7.5:y=6:8$　$6y=60$　$y=$[④] ……答

(2) $x:8=3:$[⑤]　$6x=24$　$x=$[⑥] ……答

$4:y=3:6$　$3y=24$　$y=$[⑦] ……答

## 3 中点連結定理

**例題 ④** **右の図のような，AB＝DC の四角形 ABCD で，AD，BD，BC の中点をそれぞれ E，F，G とするとき，△EFG は二等辺三角形であることを証明しなさい。**

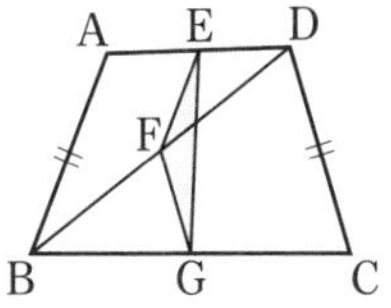


確認! 右上の図で，E，F は辺 AD，BD の中点だから，

EF∥AB，$\mathrm{EF}=\frac{1}{2}\mathrm{AB}$(中点連結定理)

解法 〔証明〕△DAB と △BDC において，点 E，F，G はそれぞれ辺の中点だから，

$\mathrm{EF}=\frac{1}{2}\mathrm{AB}$ ……①　$\mathrm{FG}=\frac{1}{2}$[①] ……② ←中点連結定理

また，仮定より，AB＝DC ……③

①，②，③より，EF＝[②]　よって，△EFG は二等辺三角形である。

# 第6日 入試実戦テスト

時間 35分　合格 80点　得点 ／100

解答→別冊12ページ

**1** 右の図のように，正方形ABCDの辺BC上に点Eをとり，AEを1辺とする正方形AEFGをつくる。辺CDと辺EFの交点をHとすると，△ABE∽△ECHである。(8点×2)〔栃木〕

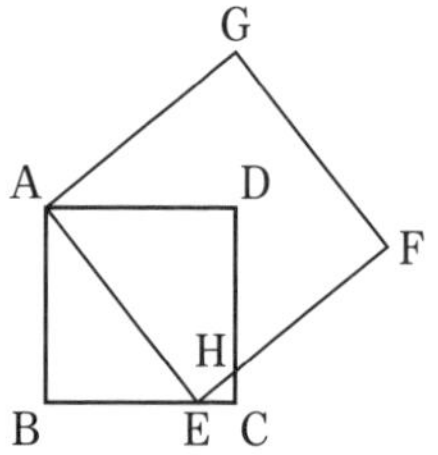


(1) △ABE∽△ECHであることを証明しなさい。

(2) AB＝5cm，BE＝4cmのとき，DHの長さを求めなさい。

**2** 次の図で，$x$の値を求めなさい。ただし，(1)の直線$\ell$，$m$，(2)の直線$\ell$，$m$，$n$は平行である。(8点×2)

(1)

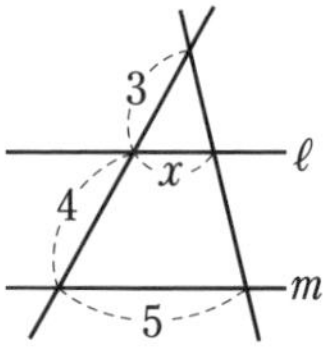


〔栃木〕

(2)

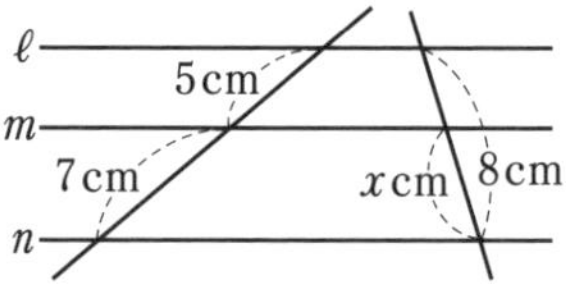


〔山口〕

**3** 右の図のような平行四辺形ABCDがある。∠Aの二等分線と辺BCとの交点をE，∠Dの二等分線と辺BCとの交点をF，∠Aの二等分線と∠Dの二等分線との交点をGとする。また，DCの延長と∠Aの二等分線との交点をHとする。このとき，△GFE∽△GDHであることを証明しなさい。(10点)〔茨城〕

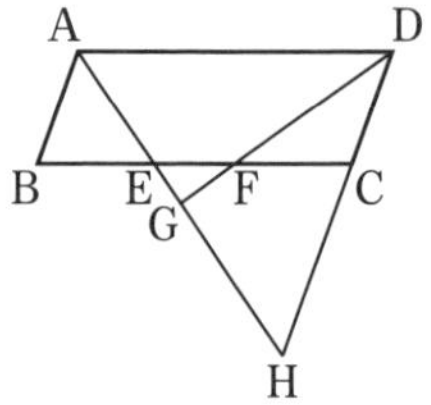


**4** 右の図は，AD∥BCで，AD＝4cm，BC＝8cm，BD＝12cmの台形ABCDである。対角線の交点をEとしたとき，BEの長さを求めなさい。(10点)〔長野〕

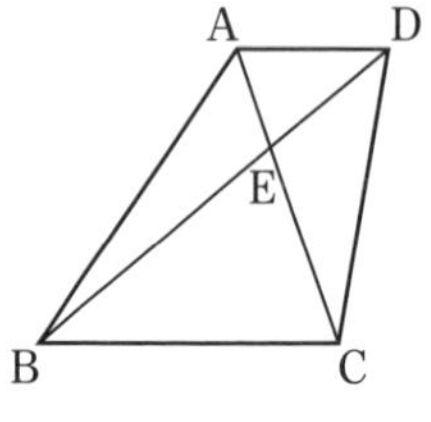

**5** 右の図のように，AD∥BC の台形 ABCD があり，AB＝AC，∠BAC＝90° である。対角線 AC の中点を E とする。また，点 E を通り辺 AD に平行な直線と辺 CD との交点を F とする。このとき，△ABD∽△EAF であることを証明しなさい。（12 点）〔広島一改〕

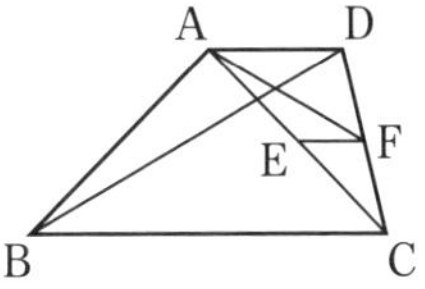


**6** 右の図のように，△ABC の辺 AB，AC の中点をそれぞれ D，E とする。また，辺 BC の延長に BC：CF＝2：1 となるように点 F をとり，AC と DF の交点を G とする。
このとき，△DGE≡△FGC であることを証明しなさい。
（12 点）〔栃木〕

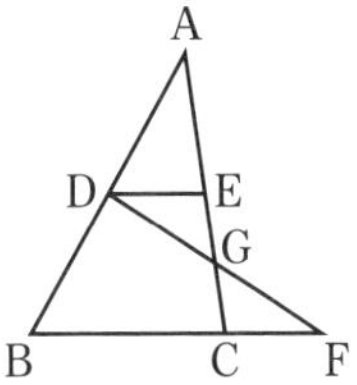


重要 **7** 右の図のように，AD∥BC である台形 ABCD がある。辺 AB の中点Mを通り辺 BC に平行な直線と辺 CD との交点を N とし，線分 MN と線分 BD との交点を P，線分 MN と線分 AC との交点を Q とするとき，線分 PQ の長さを求めなさい。（12 点）〔山口〕

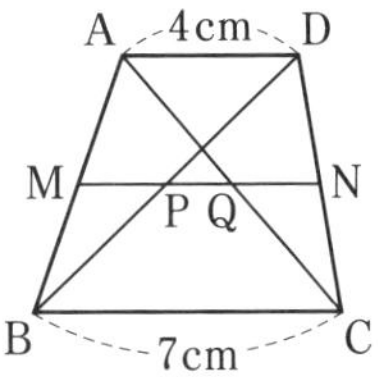


**8** 右の図のように，街灯 PQ と長方形の壁 ABCD がともに水平な地面に垂直に立っている。街灯の先端 P の位置に電灯がついており，電灯の光によって地面に壁の影 BEFC ができた。AB＝1 m，AD＝3 m，QC＝6 m，CF＝2 m，∠QBC＝90° のとき，街灯 PQ の高さは何mか求めなさい。ただし，電灯の大きさ，壁の厚さは考えないものとする。（12 点）〔愛知一改〕

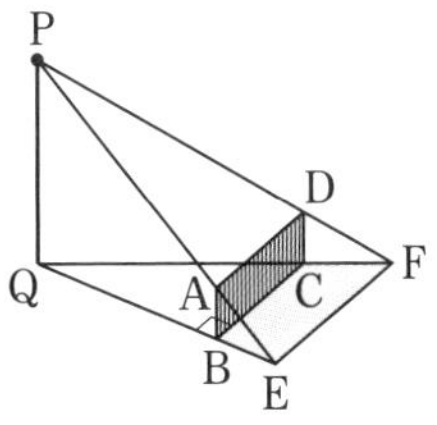

# 第7日 相似な図形 ②

解答→別冊 15 ページ

## 1 角の二等分線と線分の比

**例題 ①** **右の図のような△ABC があり，∠A の二等分線と辺 BC との交点を D とする。AB＝9 cm, AC＝6 cm，DC＝4 cm であるとき，線分 BD の長さを求めなさい。**

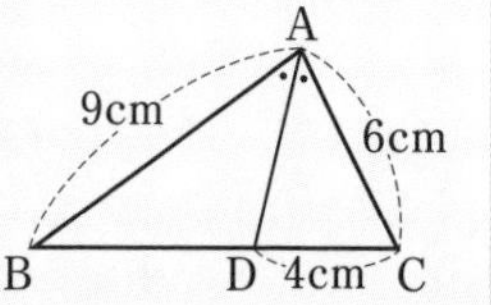


確認! △ABC で，∠A の二等分線と辺 BC との交点を D とすると，

AB：AC＝BD：DC

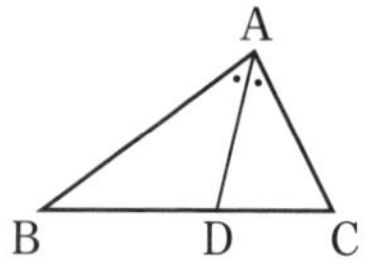


解法 BD＝$x$ cm とすると，AB：AC＝［①　　］：DC だから，

9：6＝［②　　］：4

［③　　］＝36

これを解いて，$x$＝［④　　］

答 **6 cm**

## 2 平行四辺形の線分比と面積比

**例題 ②** **右の図のような平行四辺形 ABCD がある。辺 BC 上に，BE：EC＝3：1 となる点 E をとり，線分 AE と対角線 BD との交点を F とするとき，次の問いに答えなさい。**

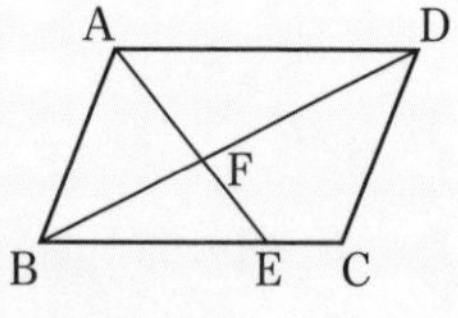


(1) △AFD∽△EFB を証明しなさい。

(2) AF＝8 cm のとき，線分 EF の長さを求めなさい。

(3) △AFD と平行四辺形 ABCD の面積比を求めなさい。

確認! 平行四辺形を分割してできる図形の面積比を求める問題では，互いに相似な三角形の相似比や，高さの等しい三角形の底辺の比を利用することを考える。

ここをおさえる！
① 三角形の角の二等分線と線分の比の性質を正確に覚えておく。
② 1つの図形の中に，いろいろな辺の比のとり方があることに慣れる。
③ 相似な図形の面積比は相似比の **2乗**，体積比は相似比の **3乗**に等しい。

**解法** (1)〔**証明**〕△AFD と △EFB において，
AD∥BC より，平行線の錯角は等しいから，
∠DAF＝∠[ ① ] ……①
対頂角は等しいから，∠AFD＝∠EFB ……②
①，②より，2組の角がそれぞれ等しいから，△AFD∽△EFB

(2) BE：EC＝3：1 より，BC：BE＝[ ② ]：3
AD＝BC より，△AFD と △EFB の相似比は，AD：BE＝4：3
よって，EF＝[ ③ ]AF＝[ ④ ]**(cm)** ……答

(3) BF：DF＝3：4 より，FD：BD＝4：[ ⑤ ]
よって，△AFD：△ABD＝4：7 ←高さの等しい三角形
したがって，
**△AFD：平行四辺形 ABCD**＝4：[ ⑥ ]×2 ←平行四辺形 ABCD は △ABD の2倍の面積
＝**2：7** ……答

## 3 相似な図形の面積比と体積比

**例題 3** **右の図で，2つの三角柱㋐，㋑が相似であるとき，次の問いに答えなさい。**

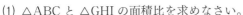

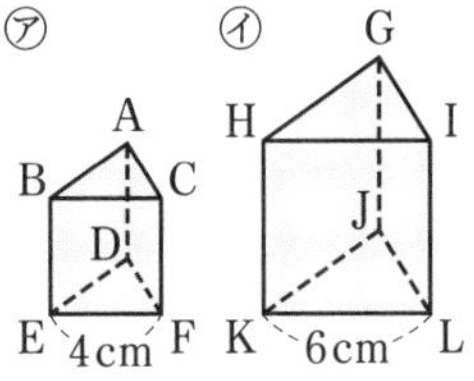


(1) △ABC と △GHI の面積比を求めなさい。
(2) 三角柱㋐と三角柱㋑の表面積の比を求めなさい。
(3) 三角柱㋐と三角柱㋑の体積比を求めなさい。

確認！ 相似比が $m：n$ の相似な平面図形の面積比は $m^2：n^2$
相似比が $m：n$ の相似な立体の表面積の比は $m^2：n^2$，体積比は $m^3：n^3$

**解法** (1) △ABC と △GHI の相似比は BC：HI＝4：6＝2：3 より，
面積比は，$2^2：3^2$＝**4：**[ ① ] ……答

(2) ㋐と㋑の相似比は EF：KL＝2：3 より，
表面積の比は，$2^2：3^2$＝[ ② ]**：9** ……答

(3) ㋐と㋑の相似比は EF：KL＝2：3 より，
体積比は，$2^3：3^3$＝**8：**[ ③ ] ……答

［　月　日］

# 第7日 入試実戦テスト

時間 35分　合格 80点　得点　／100

解答→別冊 15 ページ

**1** **右の図のように，△ABC の辺 AB 上に，∠ABC ＝∠ACD となる点 D をとります。また，∠BCD の二等分線と辺 AB との交点を E とします。AD＝4 cm，AC＝6 cm であるとき，次の問いに答えなさい。**（8 点 × 2）〔埼玉一改〕

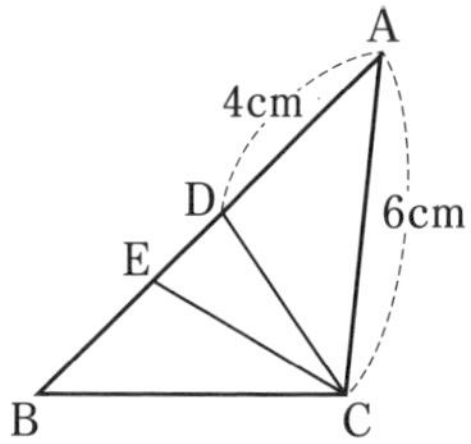


(1) △ABC と △ACD が相似であることを証明しなさい。

(2) 線分 BE の長さを求めなさい。

重要 **2** **明子さんは，右の平行四辺形 ABCD の辺 CD 上に，CE：ED＝1：2 となる点 E をとり，線分 AE と対角線 BD の交点を F とした。**（9 点 × 2）〔山梨一改〕

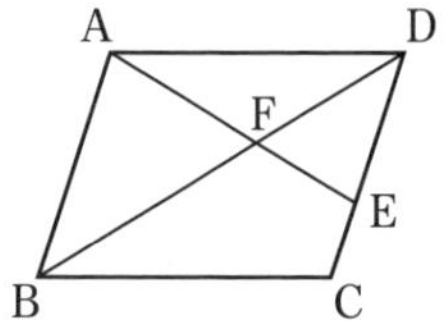


(1) 明子さんは，△FAB∽△FED であることが証明できた。△FAB と △FED の面積の比を求めなさい。

(2) 次に，△FAB の面積を $S$ としたとき，△FDA，四角形 FBCE の面積を，それぞれどのように表すことができるか考えた。△FDA，四角形 FBCE の面積を，それぞれ $S$ を使って表しなさい。

重要 **3** **右の図のように，AD // BC の台形 ABCD があります。辺 BC 上に点 E，辺 CD 上に点 F を，BD // EF となるようにとります。また，線分 BF と線分 ED との交点を G とします。BG：GF＝5：2 となるとき，△ABE の面積 $S$ と △GEF の面積 $T$ の比を，最も簡単な整数の比で表しなさい。**（10 点）〔広島〕

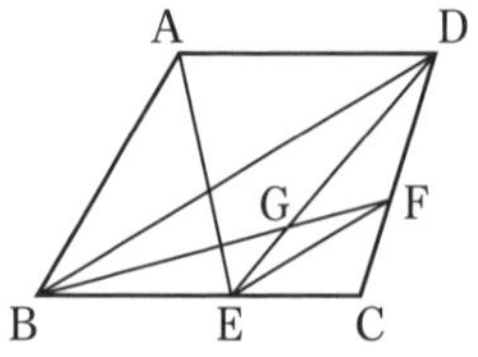

**4** **右の図のように，正方形ABCDがあり，辺CDの中点をM，線分BMと対角線ACの交点をPとする。**

(9点×2)〔千葉〕

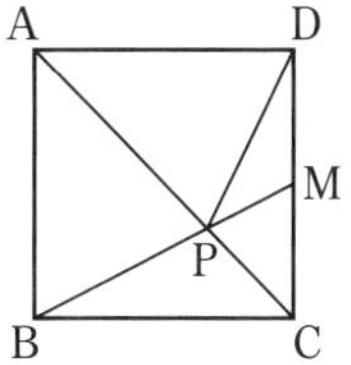


(1) ∠CMB＝∠PDA であることを証明しなさい。

(2) 正方形ABCDの面積が 144 $cm^2$ であるとき，△PCDの面積を求めなさい。

**5** **右の図で，△ABCはAB＝AC の二等辺三角形であり，D，Eはそれぞれ辺AB，AC上の点で，DE∥BC である。また，F，Gはそれぞれ∠ABCの二等分線と辺AC，直線DEとの交点である。AB＝12 cm，BC＝8 cm，DE＝2 cm のとき，次の問いに答えなさい。**(9点×2)〔愛知〕

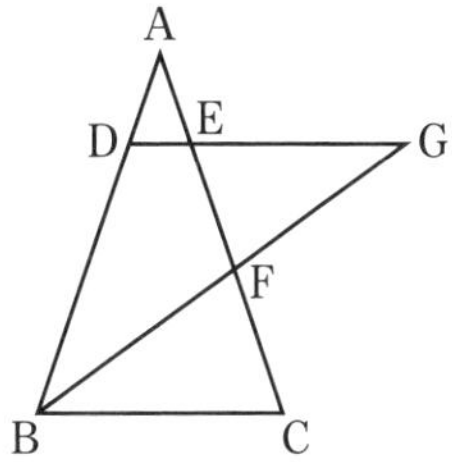


(1) 線分DGの長さは何cmか，求めなさい。

(2) △FBCの面積は△ADEの面積の何倍か，求めなさい。

**6** **円錐(えんすい)の形のチョコレートがある。このチョコレートの8分の1の量をもらえることになり，底面と平行に切って頂点のあるほうをもらうことにした。母線の長さを8 cmとすると，頂点から母線にそって何cmのところを切ればよいかを求めなさい。**(10点)〔埼玉〕

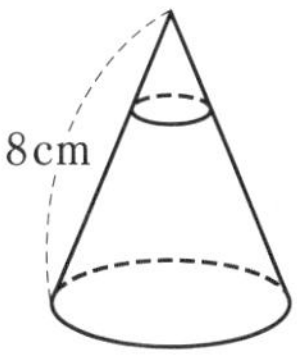


**7** **右の図のように，三角錐A-BCDがある。点P，Qはそれぞれ辺BC，BDの中点である。点Rは辺AB上にあり，AR：RB＝1：4 である。このとき，三角錐A-BCDの体積は，三角錐R-BPQの体積の何倍か，求めなさい。**(10点)〔秋田〕

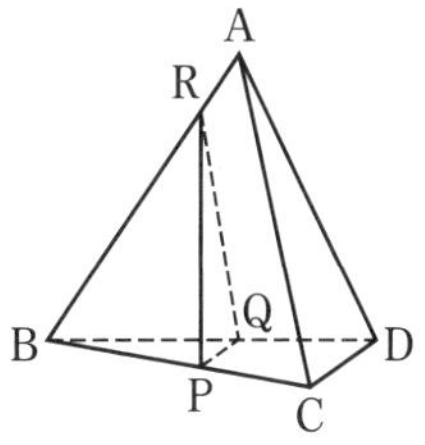

［　　月　　日］

# 第8日 円

解答→別冊 17 ページ

## 1 円周角の定理

例題 ① 次の図の円 O で，$\angle x$ の大きさを求めなさい。

(1)

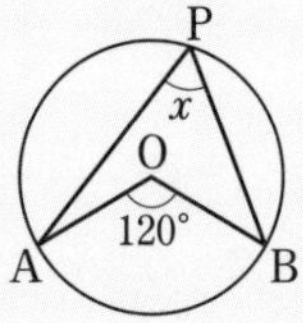


(2)

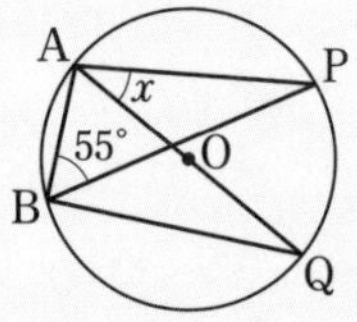


確認！ 1つの弧に対する円周角の大きさは，その弧に対する中心角の大きさの半分である。
同じ弧に対する円周角の大きさは等しい。

解法 (1) $\angle x=120°\div$ [①　　] $=60°$ ……答 ←円周角は中心角の半分

(2) AQ は直径だから，$\angle ABQ=$ [②　　]° ←半円の弧に対する円周角は 90°

$\angle x=\angle PBQ=90°-$ [③　　]$°=35°$ ……答

## 2 円周角の定理の逆

例題 ② 右の図のような四角形 ABCD の 4 つの頂点は，同じ円周上にありますか。

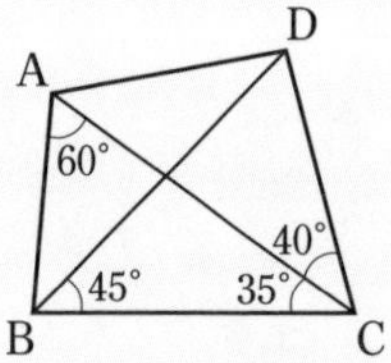


確認！ 直線 BC に対して点 A，D が同じ側にあり，$\angle BAC=\angle BDC$ ならば，点 A，B，C，D は同じ円周上にある。

解法 $\triangle ABC$ において，$\angle ABC=180°-(60°+$ [①　　]$)=$ [②　　]

よって，$\angle ABD=\angle ABC-\angle$ [③　　] $=40°$

したがって，$\angle ABD=\angle$ [④　　] となるので，**四角形 ABCD の 4 つの頂点は，同じ円周上に** [⑤　　] ……答

ここをおさえる！

① **円周角**は中心角の半分。また，同じ弧に対する**円周角**はすべて等しい。
② 直径と円周上の１点を結んでできる三角形は**直角三角形**である。
③ 円と相似では,「同じ弧に対する**円周角**は等しい」を用いることが多い。

## 3 円と相似

例題 ③ **右の図のように，円の２つの弦 AB，CD が点 P で交わっているとき，△ACP∽△DBP であることを証明しなさい。**

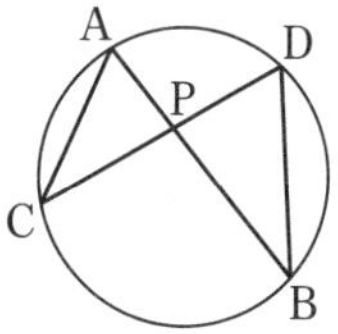


確認！ 同一円周上にある点を結んでできた三角形の相似の証明は，「同じ弧に対する円周角は等しい」を利用する。

解法 〔証明〕△ACP と △DBP において，

対頂角は等しいから，∠APC＝∠ ① ……①

$\overset{\frown}{CB}$ に対する円周角だから，

∠ ② ＝∠BDP ……② ←円周角の定理

①，②より，２組の角がそれぞれ等しいから，

△ACP∽△DBP

例題 ④ **右の図のように，線分 AB を直径とする半円があります。$\overset{\frown}{AB}$ 上に，点 A，B と異なる点 C をとり，C から弦 AB にひいた垂線と AB との交点を D とするとき，△ABC∽△ACD であることを証明しなさい。**

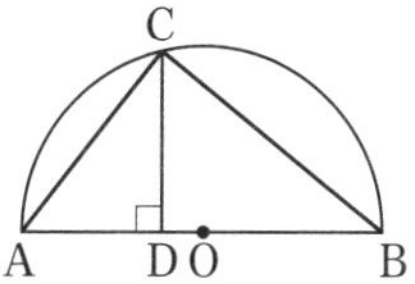


確認！ 直径が出てくる円の問題では，「半円の弧に対する円周角は 90° である」を用いることが多い。

解法 〔証明〕△ABC と △ACD において，

共通な角だから，∠CAB＝∠ ① ……①

仮定より，線分 AB は円の直径だから，∠BCA＝ ② °

仮定より，∠CDA＝90° だから，

∠BCA＝∠CDA ……②

①，②より，２組の角がそれぞれ等しいから，△ABC∽△ACD

［　　月　　日］

# 第8日 入試実戦テスト

時間 35分　合格 80点　得点 ／100

解答→別冊17ページ

**1** 次の図の円Oにおいて，$\angle x$ の大きさを求めなさい。（5点×6）

(1)
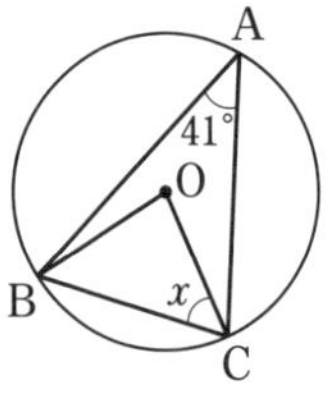

〔栃木〕

(2)
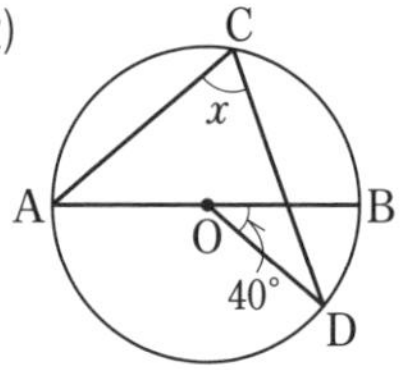

〔兵庫〕

(3)
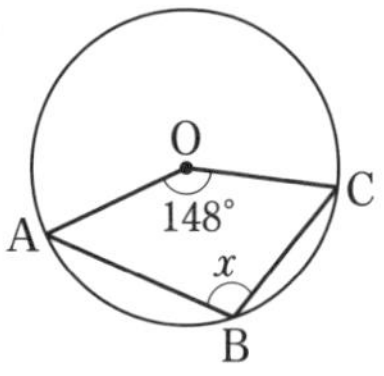

〔長野〕

(4)
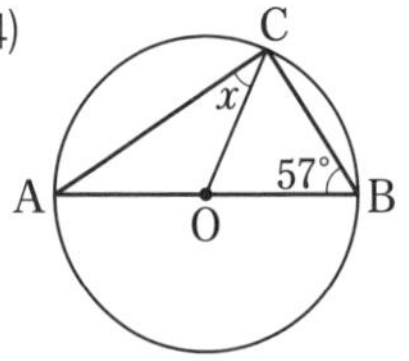

〔岩手〕

(5)
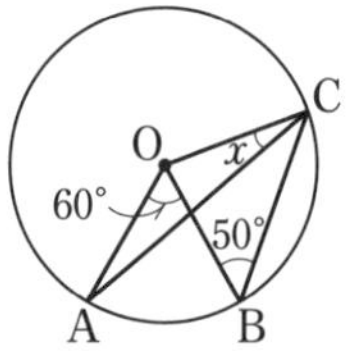

〔徳島〕

(6)
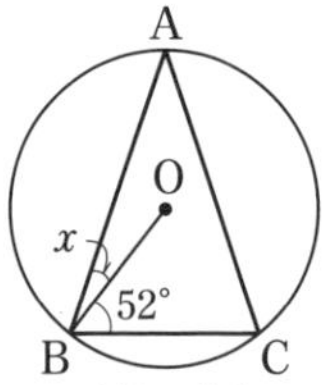

AB＝AC　〔愛知〕

**2** 右の図のような円Oにおいて，点A，B，C，Dは円周上の点である。線分ACと線分BDの交点をEとするとき，$\angle$AEDの大きさを求めなさい。（8点）

〔茨城〕

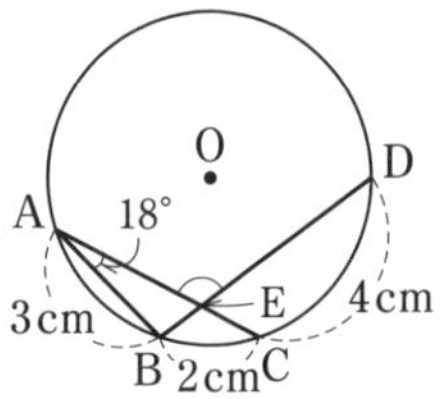


（記述）**3** 右の図のような四角形ABCDがあり，対角線ACと対角線BDとの交点をEとする。$\angle$ABD＝32°，$\angle$ACB＝43°，$\angle$BDC＝68°，$\angle$BEC＝100° のとき，$\angle$CADの大きさを求めなさい。また，求め方も書きなさい。（8点）〔神奈川—改〕

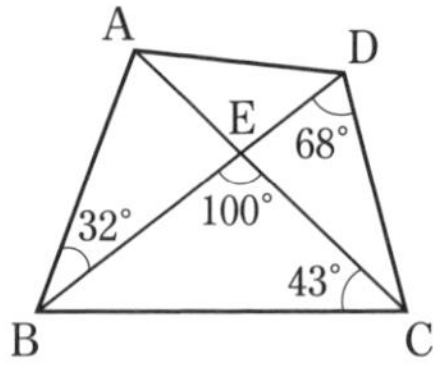


**4** 右の図で，A，B，C，D，Eは円Oの周上の点，EC，BDは円Oの直径で，AE∥BD である。また，Fは ADとECとの交点である。$\angle$BCO＝74° のとき，$\angle$EFDの大きさは何度ですか。（8点）〔愛知〕

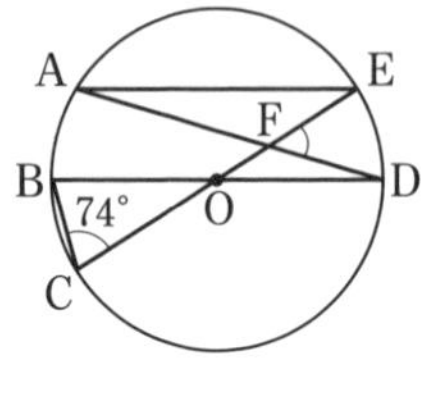

**5** 右の図のように，AB＝AC の二等辺三角形 ABC の各頂点が円の周上にあり，辺 BC 上の点 D を通る直線 AD と円の交点を E とする。
このとき，△ABD∽△AEB であることを証明しなさい。
（8 点）

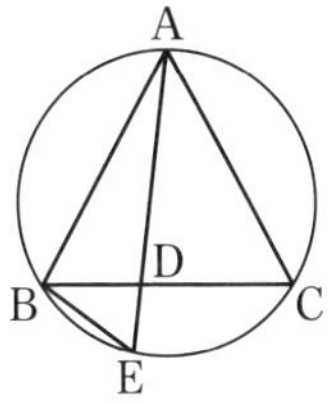


**6** 右の図のように，AD∥BC の台形 ABCD があり，3 点 A，B，D を通る円 O と辺 CD との交点を E とする。
このとき，△ABE∽△DCB であることを証明しなさい。（9 点）〔石川〕

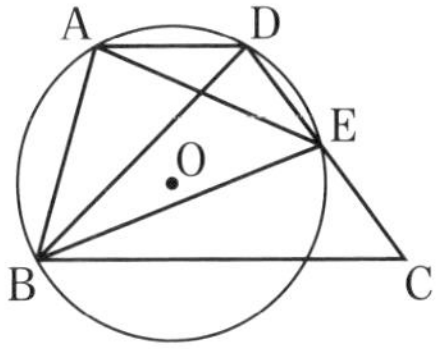


**7** 右の図において，四角形 ABCD は正方形である。3 点 A，B，E は円 O の周上の点であり，AB＝BE である。また，点 F は円 O と BC との交点であり，点 G は AE の延長と CD との交点である。このとき，AF＝AG となることを証明しなさい。（8 点）〔福島〕

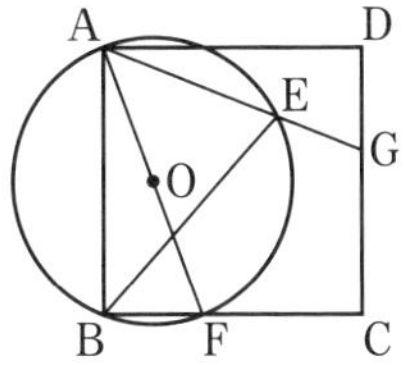


重要 **8** 右の図のように，四角形 ABCD の各頂点が円の周上にあり，AB＝AD，CA＝CD になっている。対角線 AC と BD の交点を P とするとき，次の問いに答えなさい。（7 点 × 3）〔新潟〕

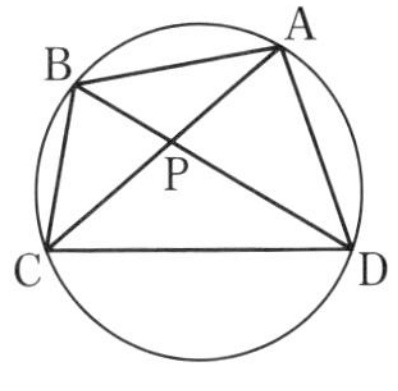


(1) 次の□にあてはまる角を答えなさい。

∠ACB＝∠ADB＝①□＝②□

(2) △ABC≡△DPC であることを証明しなさい。

(3) ∠BAD＝100° のとき，∠BPC の大きさを求めなさい。

[　月　日]

# 第9日 三平方の定理（平面図形）

解答→別冊 20 ページ

## 1 三平方の定理と特別な直角三角形の辺の比

**例題 ①** 次の直角三角形で，$x$，$y$ の値を求めなさい。

(1)

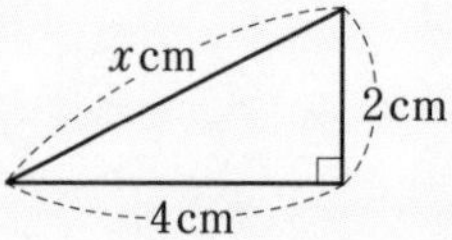


(2)

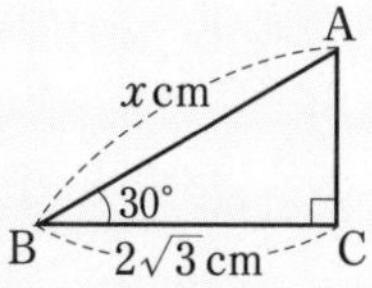


(3)

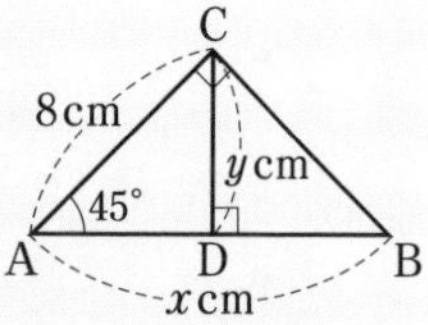


確認! 直角三角形の直角をはさむ 2 辺の長さを $a$，$b$，斜辺の長さを $c$ とすると，
$a^2+b^2=c^2$(三平方の定理)
直角二等辺三角形の 3 辺の長さの比…$1:1:\sqrt{2}$
30°，60°，90° の直角三角形の 3 辺の長さの比…$1:2:\sqrt{3}$

**解法**
(1) 直角三角形の斜辺が $x$ cm だから，$x^2=2^2+4^2=$ [①]
$x>0$ だから，$x=$ [②] ……答

(2) 30°，60°，90° の直角三角形だから，
AC：AB：BC＝1：2：[③]　←特別な直角三角形の 3 辺の比
$x:2\sqrt{3}=2:\sqrt{3}$　これを解いて，$x=$ [④] ……答

(3) △ABC は直角二等辺三角形だから，
AC：BC：AB＝1：1：[⑤]　←直角二等辺三角形の 3 辺の比
$8:x=1:\sqrt{2}$　これを解いて，$x=$ [⑥] ……答
△ACD も直角二等辺三角形だから，
$\mathrm{CD}=\mathrm{AD}=\frac{1}{2}\mathrm{AB}$
よって，$y=\frac{1}{2}x=$ [⑦] ……答

## 2 平面図形への利用

**例題 ②** 右の図のひし形の面積を求めなさい。

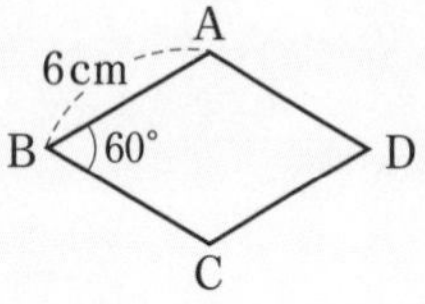

ここをおさえる!
① 直角三角形では，2 辺の長さから，残る辺の長さを求められる。
② 特別な直角三角形（30°, 60°, 90° と 45°, 45°, 90°）の辺の比を覚える。
③ 平面図形の中に**直角三角形**を見つけると，三平方の定理が使える。

確認!
ひし形は，4 つの辺の長さが等しく，対角線が垂直に交わる。
△ABC は正三角形になり，30°，60°，90° の直角三角形から，対角線の長さを求めることができる。

**解法** ひし形の 4 つの辺の長さは等しいから，AB＝BC で，∠ABC＝60° より，△ABC は正三角形である。

AC と BD の交点を O とすると，△ABO は，30°，60°，90° の直角三角形だから，←図の中に直角三角形を見つける

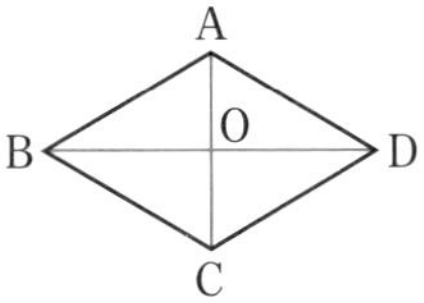


AO：AB：BO＝1：2：[①　　]

AO：6＝1：2 より，AO＝[②　　](cm)

6：BO＝2：$\sqrt{3}$ より，BO＝[③　　](cm)

よって，AC＝2AO＝6(cm)，BD＝2BO＝$6\sqrt{3}$(cm)

ひし形の面積は，[④　　]×6×$6\sqrt{3}$＝**$18\sqrt{3}$(cm$^2$)** ……答

**例題 3** **AB を直径とする円 O の周上に点 C をとり，∠ACB の二等分線が円周と交わる点を E とする。AB＝10 cm のとき，弦 AE の長さを求めなさい。**

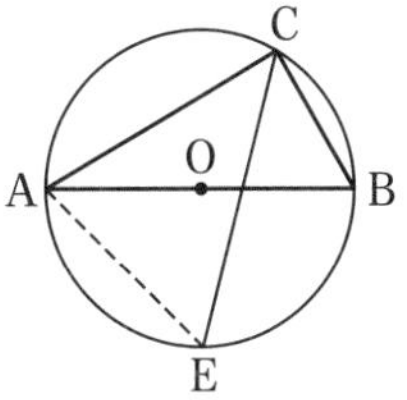


確認!
直径と円周上の点を結んでできる三角形は，直角三角形になる。
接線と半径でできる三角形は，直角三角形になる。

**解法** ∠ACB＝90°，CE は ∠C の二等分線だから，

∠ACE＝[①　　]°

∠AOE は $\overset{\frown}{AE}$ に対する中心角だから，∠AOE＝2∠ACE＝[②　　]°

円の半径 OA と OE は等しいから，△AOE は直角二等辺三角形である。

よって，AO：AE＝1：[③　　] ←直角二等辺三角形の 3 辺の比

5：AE＝1：$\sqrt{2}$

これを解いて，AE＝[④　　]**(cm)** ……答

［　　月　　日］

# 第9日 入試実戦テスト

時間 35 分
合格 80 点
得点 ／100

解答→別冊 20 ページ

**1** **右の図のように，AB を斜辺とする 2 つの直角三角形 ABC と ABD があり，辺 BC と AD の交点を E とする。また，AC＝2 cm，BC＝3 cm，CE＝1 cm とする。**（8 点 × 3）〔佐賀一改〕

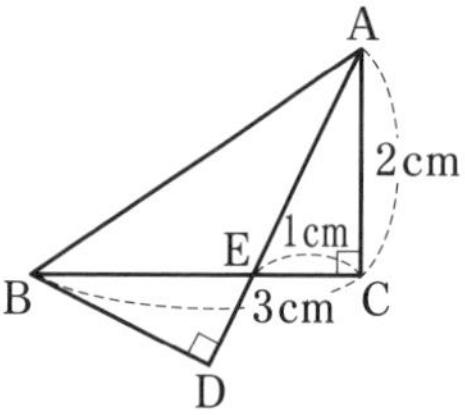


(1) 線分 AE の長さを求めなさい。

(2) △AEC∽△BED であることを証明しなさい。

(3) 点 E から辺 AB に垂線をひき，その交点を F とする。線分 EF の長さを求めなさい。

重要 **2** **右の図 1 のような長方形 ABCD がある。図 2 のように，頂点 D が B と重なるように折ったときの折り目の線分を PQ，頂点 C が移った点を E とする。**

（8 点 × 2）〔富山一改〕

**図 1**

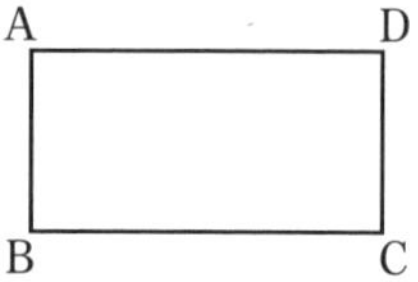


**図 2**

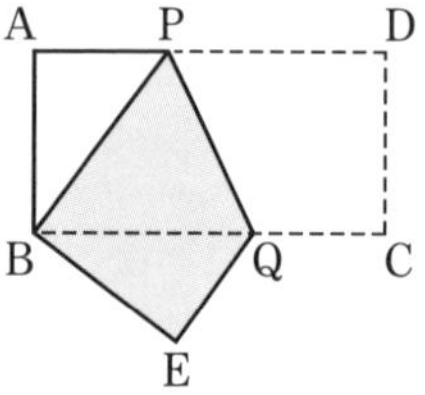


(1) 折り目の線分 PQ を**図 1** に作図し，P，Q の記号をつけなさい。ただし，作図に用いた線は残しておくこと。

(2) AP＝3 cm，PD＝5 cm のとき，線分 PQ の長さを求めなさい。

**3** **右の図のような，∠ACB＝90° の直角三角形 ABC がある。∠ABC の二等分線をひき，辺 AC との交点を D とする。また，点 C を通り，辺 AB に平行な直線をひき，直線 BD との交点を E とする。**
**AB＝5 cm，BC＝3 cm であるとき，線分 BE の長さは何 cm ですか。**（10 点）〔香川〕

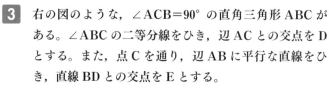

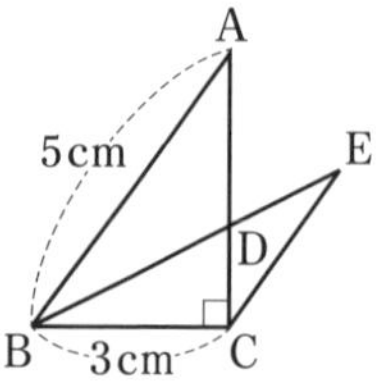

**4** 右の図のように，AB＝5 cm，AC＝12 cm，∠A＝90° の直角三角形 ABC に，円 O が各辺で接している。このとき，円 O の半径を求めなさい。（8点）〔山形〕

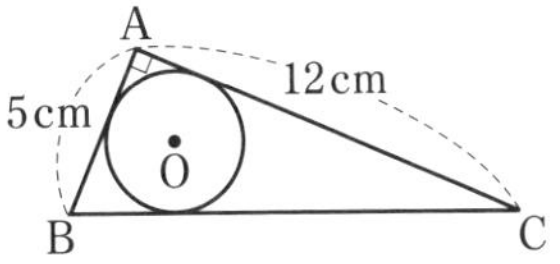


**5** 右の図のように，点 O を中心とし，線分 AB を直径とする半円 O がある。点 A とは異なる点 C を，弧 AB 上に，∠AOC の大きさが 90° より小さくなるようにとる。また，点 D を，弧 AC 上に，OD∥BC となるようにとる。点 D を通り線分 AB に平行な直線と半円 O との交点のうち点 D とは異なる点を E とする。線分 DE と線分 OC，BC との交点をそれぞれ F，G とし，線分 OE と線分 BC との交点を H とする。
AB＝8 cm，DE＝6 cm であるとき，△CFG の面積を求めなさい。

（10点）〔山形一改〕

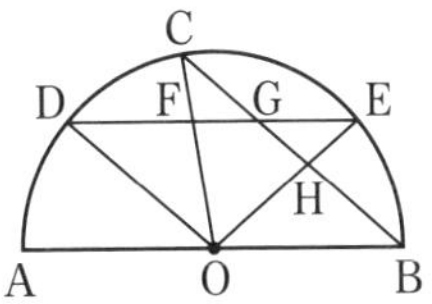


**6** 右の図は，線分 AB を1辺とする正三角形と，線分 AB を直径とする半円を重ねてかいたものである。
AB＝4 cm のとき，色のついた部分の面積を求めなさい。

（8点）〔山口〕

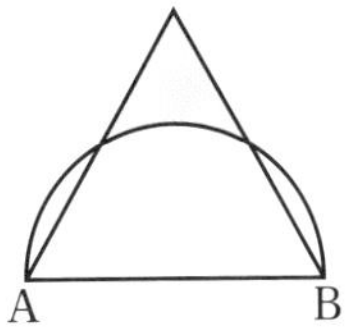


重要 **7** 右の図で，点 A，B，C は円 O の周上の点で，線分 AC は円 O の直径，∠BAC＝60° とする。三角形 BCD は ∠BCD＝90° の直角二等辺三角形で，辺 BD と円 O，線分 AC との交点をそれぞれ E，F とする。また，点 D から線分 AC にひいた垂線と AC との交点を G とする。

（8点×3）〔秋田〕

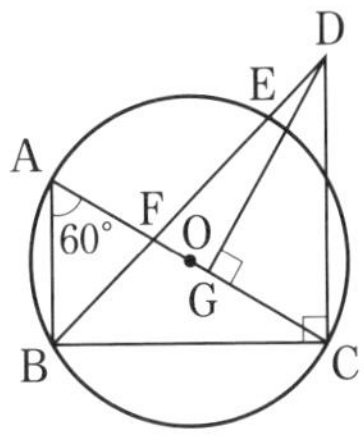


(1) ∠ACB の大きさを求めなさい。

(2) 円 O の半径を 8 cm とするとき，三角形 DGC の面積を求めなさい。

(3) BF：ED を求めなさい。

［　　月　　日］

# 第10日 三平方の定理（空間図形）

解答→別冊 24 ページ

## 1 空間図形への利用 ① 体積

**例題 ①** **右の図のような，底面が1辺10 cmの正方形で，側面が1辺10 cmの正三角形である正四角錐（せいしかくすい）OABCDの体積を求めなさい。**

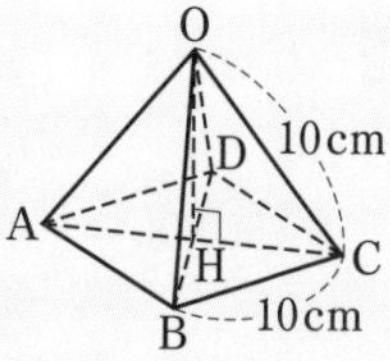


確認! 正四角錐の高さは，頂点Oと底面の対角線の交点Hを結んだ線分の長さである。
三平方の定理から辺の長さを求めることができる直角三角形をさがす。

解法 △ABCは直角二等辺三角形だから，

AB：AC＝1：［①　　］

これより，AC＝［②　　］(cm)

底面の対角線の交点をHとすると，AH＝$\frac{1}{2}$AC＝［③　　］(cm)

△OAHにおいて，∠OHA＝90° だから，

$OH^2$＝［④　　］$^2-(5\sqrt{2})^2=50$ ← △OAHに三平方の定理を使う

よって，OH＝［⑤　　］(cm)

したがって，体積は，$\frac{1}{3}\times10^2\times$［⑥　　］$=\frac{500\sqrt{2}}{3}$**(cm³)** ……答

## 2 空間図形への利用 ② 面積

**例題 ②** **右の図のような1辺の長さが4 cmの正四面体ABCDがある。辺ABの中点をMとするとき，△MCDの面積を求めなさい。**

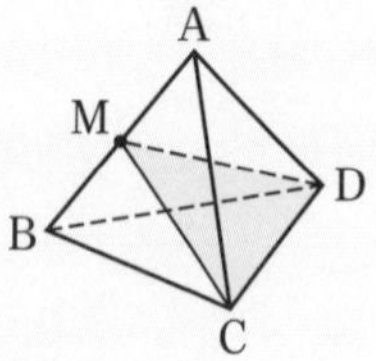


確認! △ABCは正三角形より，△ACMは30°，60°，90°の直角三角形である。
△MCDは，MC＝MDの二等辺三角形である。

ここをおさえる!

① 空間図形では，線分の長さや体積を求めるために，図形の中に**直角三角形**をつくって**三平方の定理**を使う。

② 側面にひいた線の長さは，**展開図**から考える。

**解法** △ACM において，∠MAC＝60°，∠AMC＝90°，∠ACM＝[①]，AM＝2 cm だから，

$MC=AM\times\sqrt{3}=2\times\sqrt{3}=$ [②] (cm)

△MCD は MC＝MD の二等辺三角形だから，CD の中点を N とすると，

$MN^2=MC^2-$ [③] $=(2\sqrt{3})^2-2^2=8$ ← △MCN に三平方の定理を使う

MN＝[④] (cm)

よって，$\triangle MCD=\frac{1}{2}\times CD\times MN=\frac{1}{2}\times 4\times$ [⑤]

$=4\sqrt{2}$ **(cm²)** ……答

## 3 空間図形への利用 ③ 回転体

**例題 ③ OA＝6 cm，AB＝10 cm，∠AOB＝90° である直角三角形 OAB がある。右の図のように，線分 OB を延長した直線 ℓ を軸として，直角三角形 OAB を 1 回転させてできる立体を *X* とする。**

**このとき，次の問いに答えなさい。ただし，円周率は π とする。**

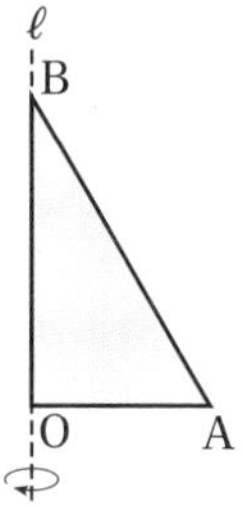


(1) 線分 OB の長さを求めなさい。

(2) *X* の体積を求めなさい。

確認! 円錐は，直角三角形を回転させてできた立体とみることができるので，母線の長さ，高さ，底面の半径のうち，どれか 2 つがわかれば，三平方の定理を使って他の 1 つが求められる。

**解法** (1) $OB=\sqrt{10^2-6^2}=$ [①] **(cm)** ……答 ← △OAB に三平方の定理を使う

(2) *X* は右の図のような円錐(えんすい)になる。

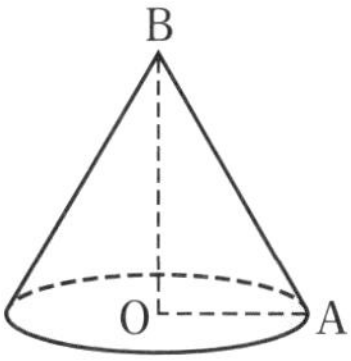


円錐の底面の半径は 6 cm，高さは(1) より 8 cm だから，

体積は，

$\frac{1}{3}\times\pi\times 6^2\times 8=$ [②] **(cm³)** ……答

└(円錐の体積)＝$\frac{1}{3}$×(底面積)×(高さ)

［　　月　　日］

# 第10日 入試実戦テスト

時間 35分　合格 80点　得点　／100

解答→別冊 24 ページ

**1** 右の図のような，底面の半径が3 cm，母線の長さが5 cm の円錐（えんすい）がある。この円錐の高さと体積をそれぞれ求めなさい。ただし，円周率は $\pi$ とする。(8 点)〔埼玉〕

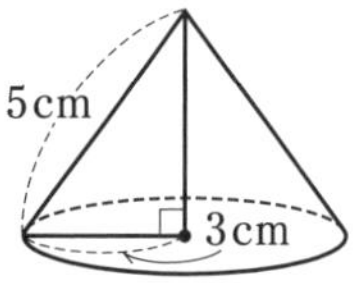


記述 **2** 右の図で，立体 OABCD は，正方形 ABCD を底面とする正四角すいである。
OA＝9 cm，AB＝6 cm のとき，正四角すい OABCD の体積は何 $cm^3$ か，求めなさい。また，求め方も書きなさい。(8 点)〔愛知一改〕

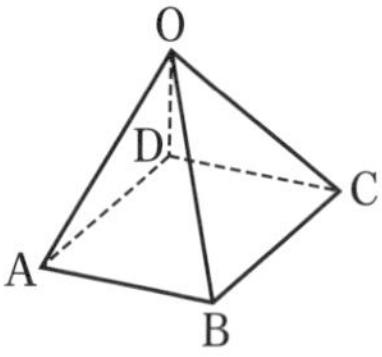


重要 **3** 右の図１は，OA＝OB＝OC＝OD＝$\sqrt{10}$ cm，AB＝BC＝CD＝DA＝2 cm の正四角錐 OABCD である。点 H は，正方形 ABCD の対角線の交点である。また，図２は，△OBC が下になるように，正四角錐 OABCD を平面 P 上に置いたようすを表している。(8 点×3)〔岩手〕

図１

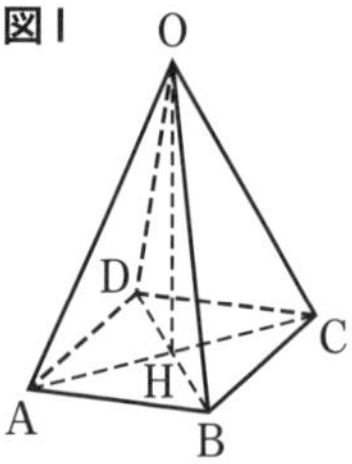


(1) 線分 AH の長さを求めなさい。

(2) △OBC の面積を求めなさい。

(3) 図２において，点 A と平面 P との距離を求めなさい。

図２

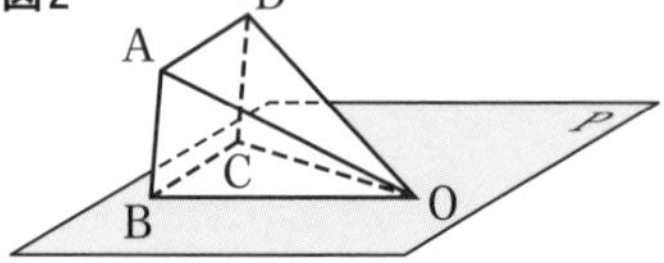

**4** 右の図のように，1 辺が 6 cm の立方体 ABCD-EFGH がある。この立方体の 3 つの頂点 A，B，G を結んでできる △ABG について，次の問いに答えなさい。

(10 点 × 2)〔秋田〕

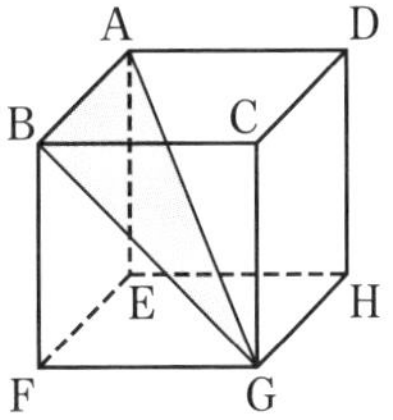


(1) 辺 AG を底辺としたときの高さを求めなさい。

(2) 辺 AG を軸として 1 回転してできる立体の体積を求めなさい。ただし，円周率は $\pi$ とする。

**5** 右の図のように，点 A，B，C，D，E，F を頂点とし，AD＝DE＝EF＝4 cm，∠DEF＝90° の三角柱がある。辺 AB，AC の中点をそれぞれ M，N とする。(10 点 × 2)〔三重一改〕

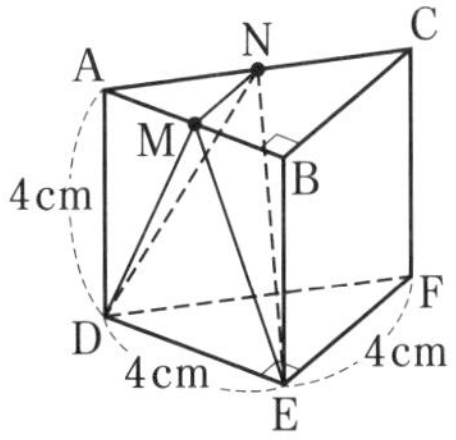


(1) 線分 DM の長さを求めなさい。

(2) 点 M から △NDE をふくむ平面にひいた垂線と △NDE との交点を H とする。このとき，線分 MH の長さを求めなさい。

**6** 右の図は，辺 AD と辺 BC が平行で，AD＝10 cm，BC＝4 cm，AB＝CD＝5 cm の台形 ABCD を底面とし，AE＝BF＝CG＝DH＝7 cm を高さとする四角柱である。(10 点 × 2)〔神奈川〕

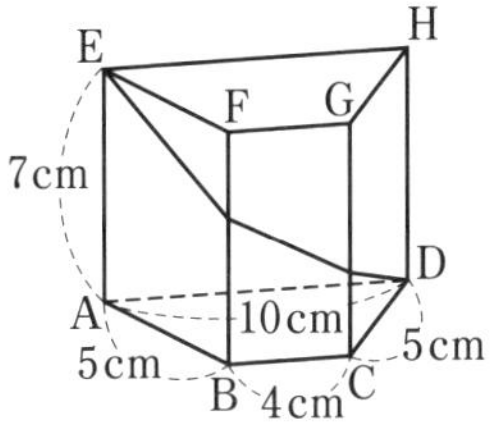


(1) この四角柱の側面上に，頂点 E から辺 BF と辺 CG に交わるように，頂点 D まで線をひく。この線のうち，最も短い線の長さを求めなさい。

(2) 平行な 2 つの線分 AD，FG をふくむ平面でこの四角柱を切り，2 つの立体に分けるとき，頂点 B をふくむほうの立体の体積を求めなさい。

［　月　日］

# 総仕上げテスト

時間 60分　合格 80点　得点 ／100

解答→別冊 26 ページ

**1** 右の図は，2つの合同な長方形を，長さの等しい辺の一部が重なるように並べて，1つの図形にしたものである。この図形に1本の直線をひくことによって，図形の面積を2等分するようにする。

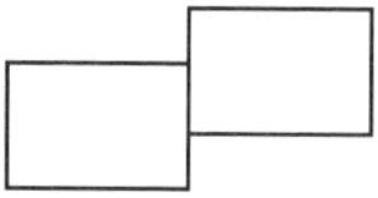

図形の面積を2等分する直線のうち，次の㋐，㋑をともに満たす直線を1本作図しなさい。

㋐ 図形の頂点を通らない。

㋑ 図形の辺と重ならない。

ただし，作図に用いた線は消さないこと。(5点)〔北海道〕

**2** 右の図のように，∠BAC＝90°，BC＝4 cm である直角二等辺三角形 ABC と，点 A を通り辺 BC に平行な直線 $\ell$ がある。

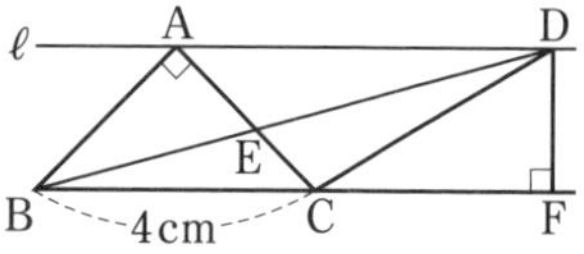


いま，直線 $\ell$ 上で点 A の右側に BC＝CD となるような点 D をとり，辺 AC と線分 BD の交点を E とする。また，点 D から辺 BC の延長線に垂線をひき，その交点を F とする。(5点×2)〔岩手〕

(1) 線分 DF の長さを求めなさい。

(2) ∠AED の大きさを求めなさい。

**3** 右の図のように，正方形 ABCD と，点 A を通る直線 $\ell$ がある。点 D を通り，$\ell$ に垂直な直線 $m$ をひき，$\ell$ との交点を E，辺 AB との交点を F とする。また，点 C から $m$ に垂線 CG をひく。(6点×2)〔山口〕

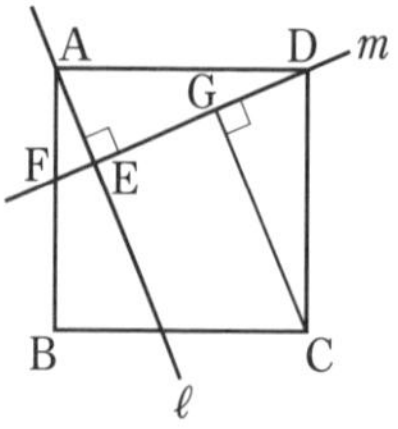


(1) △ADE≡△DCG を証明しなさい。

(2) AD＝13 cm，EG＝7 cm のとき，AF の長さを求めなさい。

**重要** **4** **図1のような四角錐OABCDがある。上の面の四角形ABCDは1辺の長さが6 cmの正方形であり，4つの側面はすべて，Oから対辺にひいた垂線の長さが9 cmの二等辺三角形である。**（6点×3）〔福島〕

図1

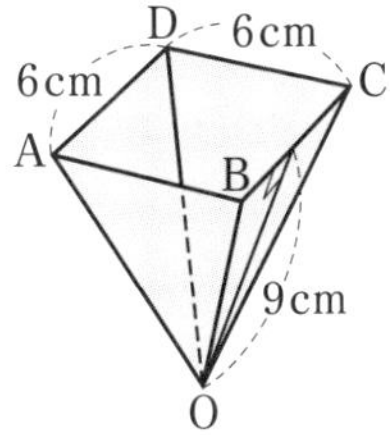


(1) この容器に水が満たされているとき，頂点Oから水面までの高さを求めなさい。

(2) ABを水平にしたままこの容器をゆっくりと傾け，側面OCDが水面に対して垂直になるまで水を流し出した(**図2**)。このとき，頂点Oから水面までの高さを求めなさい。

図2

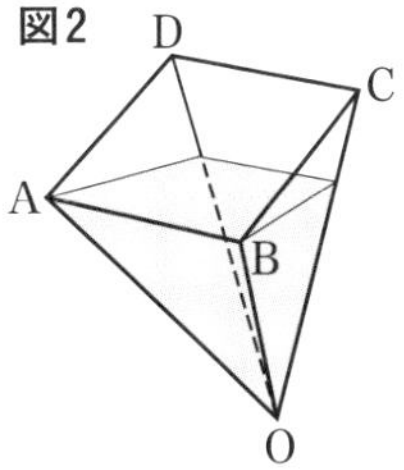


(3) (2)において，水面がつくる図形の面積を求めなさい。

**5** **右の図1に示した立体A-BCDEは，底面BCDEが正方形で，AB＝AC＝AD＝AE，AB＞BC の正四角すいである。**
**辺AE上にある点をP，辺AD上にある点をQ，辺AC上にある点をR，辺BC上にある点をSとし，頂点Bと点P，頂点Eと点S，点Pと点Q，点Qと点R，点Rと点Sをそれぞれ結ぶ。**
**∠ABP＝∠PBE，AE⊥PQ，QR＋RS＋SE＝ℓ とし，ℓ の値が最も小さいとき，右の図2に示した立体A-BCDEの展開図をもとにして，4点P，Q，R，Sと，線分BP，線分ES，線分PQ，線分QR，線分RSを定規とコンパスを用いて作図によって求め，4点P，Q，R，Sの位置を表す文字P，Q，R，Sも書きなさい。**（5点）〔都立新宿高 '21〕

図1

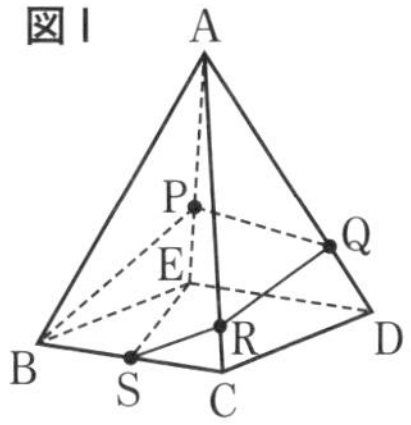


図2

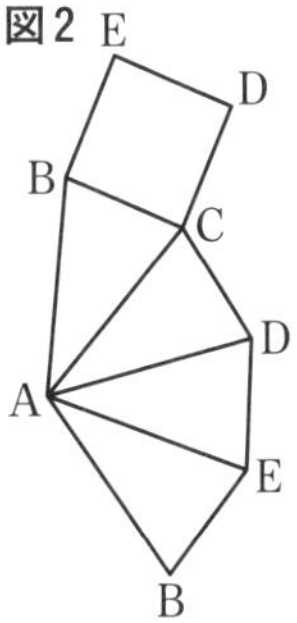

**6** **右の図のように，AB=6 cm，AD=8 cm の長方形ABCDを，対角線BDを折り目として折り返し，頂点Cが移った点をE，ADとBEとの交点をFとする。**

(5点×2)〔和歌山―改〕

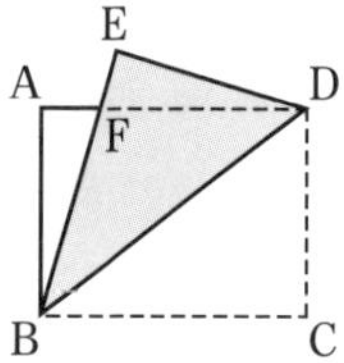


(1) △FAB≡△FED を証明しなさい。

(2) 辺BDを軸として，△BDEを1回転させてできる立体の体積を求めなさい。ただし，円周率はπとする。

**7** **右の図のように，円周上の3点A，B，Cを頂点とする△ABCがある。点Aをふくまないほうの弧BC上に点Dをとり，点Bを通りDCに平行な直線と円との交点をEとし，BEとADの交点をFとする。**
**このとき，△ABF∽△ACE を証明しなさい。**(5点)

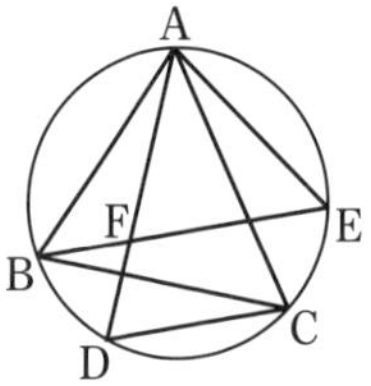


〔栃木〕

**8** **右の図のように，底面の1辺の長さが4 cm，高さが6 cmの正四角錐（せいしかくすい）OABCDの辺OA，OB，OC，ODの中点をそれぞれE，F，G，Hとし，正四角錐OABCDから正四角錐OEFGHを切り取ってできた立体Kがある。**(5点×3)〔三重〕

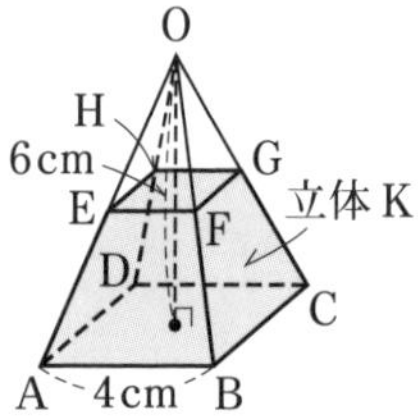


(1) 辺EFの長さを求めなさい。

(2) 立体Kの体積を求めなさい。

(3) 線分ECの長さを求めなさい。

**9** 右の図は，線分 AB を直径とする円 O を底面とし，線分 AC を母線とする円すいである。
また，点 D はこの円すいの側面上に，点 A から点 B まで長さが最も短くなるように線を引き，この線を 2 等分した点である。
さらに，AB=6 cm，AC=9 cm とする。
この円すいの側面上に，右の図のように点 D から線分 AC，線分 BC と交わるように点 D まで円すいの側面上に引いた線のうち，長さが最も短くなるように引いた線の長さを求めなさい。ただし，円周率は $\pi$ とする。(5 点)〔神奈川一改〕

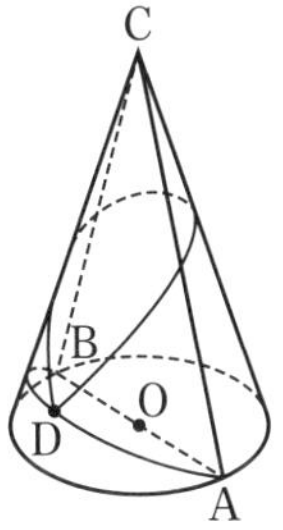


**10** 右の図のように，ひし形 ABCD があり，対角線 BD と対角線 AC の交点を O とする。
また，辺 BC 上に点 P があり，点 P を通り辺 AB に平行な直線と，対角線 BD，対角線 AC，辺 AD との交点をそれぞれ E，F，G とする。
ただし，点 P は，頂点 B または頂点 C と一致しない。(5 点 × 3)〔大分〕

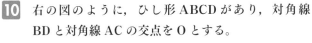

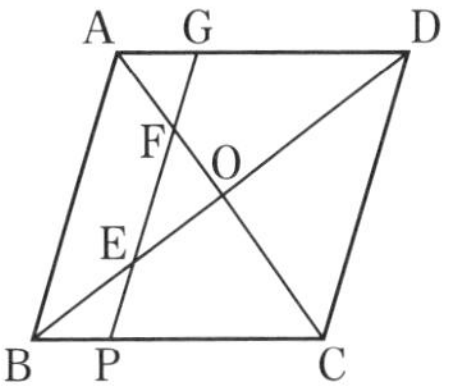


(1) △ABC∽△FPC であることを証明しなさい。

(2) AB=5 cm，AC=6 cm とする。また，△BPE の面積と △EOF の面積が等しくなるように点 P をとる。

① 線分 BO の長さを求めなさい。

② △AFG の面積を求めなさい。

総仕上げテスト

## 試験における実戦的な攻略ポイント５つ

### ①問題文をよく読もう！

問題文をよく読み，意味の取り違えや読み間違いがないように注意しよう。
選択肢問題や計算問題，記述式問題など，解答の仕方もあわせて確認しよう。

### ②解ける問題を確実に得点に結びつけよう！

解ける問題は必ずある。試験が始まったらまず問題全体に目を通し，自分の解けそうな問題から手をつけるようにしよう。
くれぐれも簡単な問題をやり残ししないように。

### ③答えは丁寧な字ではっきり書こう！

答えは，誰が読んでもわかる字で，はっきりと丁寧に書こう。
せっかく解けた問題が誤りと判定されることのないように注意しよう。

### ④時間配分に注意しよう！

手が止まってしまった場合，あらかじめどのくらい時間をかけるべきかを決めておこう。
解けない問題にこだわりすぎて時間が足りなくなってしまわないように。

### ⑤答案は必ず見直そう！

できたと思った問題でも，誤字脱字，計算間違いなどをしているかもしれない。ケアレスミスで失点しないためにも，必ず見直しをしよう。

## 受験日の前日と当日の心がまえ

### 前日

- 前日まで根を詰めて勉強することは避け，暗記したものを確認する程度にとどめておこう。
- 夕食の前には，試験に必要なものをカバンに入れ，準備を終わらせておこう。
  また，試験会場への行き方なども，前日のうちに確認しておこう。
- 夜は早めに寝るようにし，十分な睡眠をとるようにしよう。もし翌日の試験のことで緊張して眠れなくても，遅くまでスマートフォンなどを見ず，目を閉じて心身を休めることに努めよう。

### 当日

- 朝食はいつも通りにとり，食べ過ぎないように注意しよう。
- 再度持ち物を確認し，時間にゆとりをもって試験会場へ向かおう。
- 試験会場に着いたら早めに教室に行き，自分の席を確認しよう。また，トイレの場所も確認しておこう。
- 試験開始が近づき緊張してきたときなどは，目を閉じ，ゆっくり深呼吸しよう。

# 解答・解説



## 第1日　平面図形の基本

**例題の解法** p.4～5

例題 1　① C　② BC

例題 2　① 半径　② 円

例題 3　① $5\pi$　② $15\pi$　③ $5\pi$
④ $15\pi$　⑤ 12　⑥ 135
⑦ 12　⑧ $24\pi$

**入試実戦テスト** p.6～7

**1**

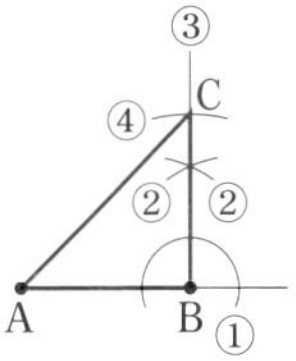


**2**

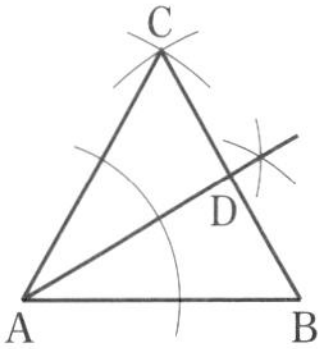


**3**

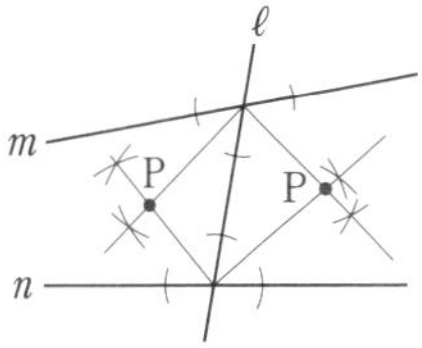


(P はどちらかでよい。)

**4**

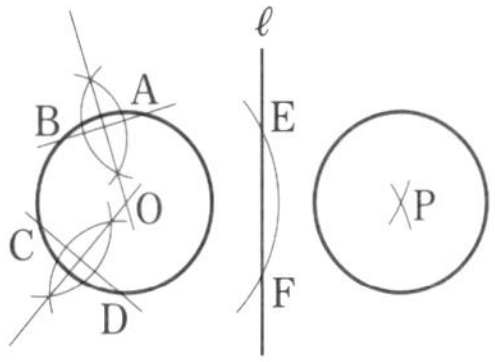


**5**

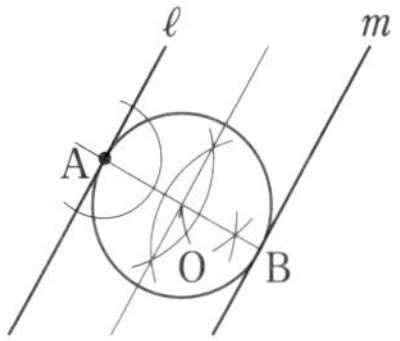


**6** 弧の長さ…$4\pi$ cm,
面積…$6\pi$ $cm^2$

**7** (1) 135°
(2) おうぎ形の半径を $x$ cm とすると,

$$2\pi x\times\frac{120}{360}=4\pi$$

$$x=\frac{4\times360}{2\times120}=6$$

答　6 cm

**8** $\pi$ cm

**9** $\frac{10}{3}\pi$ cm

### 解説

**1** 次の手順で作図する。
① 点 B を中心として円をかく。
② ① の円と半直線 AB の 2 つの交点を中心として，半径の等しい円をかき，その交点を求める。
③ ② の交点と点 B を結んで，垂線をひく。
④ ③ の垂線上に，AB＝BC となる点 C をとる。
⑤ 点 A と C，点 B と C をそれぞれ結ぶ。

**2** 次の手順で作図する。
① 点 A，B をそれぞれ中心として，半径 AB の円をかき，交点を C とする。

②点AとC，点BとCをそれぞれ結んで，正三角形ABCをかく。

③点Aを中心として円をかく。

④③の円と辺AC，ABとの交点を中心として，半径の等しい円をかき，その交点を求める。

⑤④の交点と点Aを通る直線をひき，辺BCとの交点をDとする。

**3** $\ell$，$m$がつくる角の二等分線と，$\ell$，$n$がつくる角の二等分線の交点が点Pである。点Pは直線$\ell$の右側と左側に1つずつとれるが，どちらかでよい。

**4** まず，次の順にしたがって，円の中心Oを作図する。

①円上に4つの点A，B，C，Dをとる。

②ABの垂直二等分線をひく。

③CDの垂直二等分線をひく。

④②，③の交点がOである。

次に点Oを中心として，適当な半径の円をかき，直線$\ell$との交点をE，Fとする。点E，Fを中心として，OEを半径とする円をかき，交点をPとする。

点Pを中心として，円Oと半径が等しい円をかけばよい。

**5** 点Aを通り，直線$\ell$に垂直な直線をひき，直線$m$との交点をBとする。線分ABが円の直径となるので，線分ABの垂直二等分線と線分ABとの交点をOとし，点Oを中心として線分OAを半径とする円をかく。

**6** 弧の長さは，

$2\pi\times3\times\dfrac{240}{360}=4\pi(\text{cm})$

面積は，

$\pi\times3^2\times\dfrac{240}{360}=6\pi(\text{cm}^2)$

別解 おうぎ形の半径を$r$，弧の長さを$\ell$とすると，面積$S$は，$S=\dfrac{1}{2}\ell r$

よって，$S=\dfrac{1}{2}\times4\pi\times3=6\pi(\text{cm}^2)$

**7** (1)中心角を$x°$とすると，

$\pi\times4^2\times\dfrac{x}{360}=6\pi$

$x=\dfrac{6\times360}{16}=135$

別解 中心角を$x°$とすると，

$6\pi:16\pi=x:360$

これを解いて，$x=135$

**8** 弧AB，弧BC，弧ACの長さは，どれも半径1 cm，中心角60°のおうぎ形の弧の長さに等しい。よって，

$2\pi\times1\times\dfrac{60}{360}\times3=\pi(\text{cm})$

**9** 点Pは図の赤線のように移動するから，

$2\pi\times2\times\dfrac{90}{360}\times2+2\pi\times2\times\dfrac{120}{360}$

$=2\pi+\dfrac{4}{3}\pi=\dfrac{10}{3}\pi(\text{cm})$

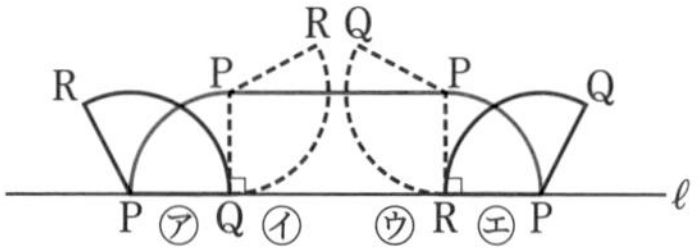

## 第2日　空間図形の基本

**例題の解法** p.8〜9

**例題1** ①正方形(長方形)　②三角柱

**例題2** ①EF　②BC　③DH　④EFGH　⑤AEHD

**例題3** ①4　②154　③4　④140　⑤22　⑥$81\pi$　⑦$324\pi$　⑧9　⑨$135\pi$　⑩$216\pi$

**入試実戦テスト** p.10〜11

**1** $96\pi$ cm$^2$

**2** (1)$36\sqrt{3}$ cm$^3$　(2)108 cm$^2$

**3** $\dfrac{27}{4}$ cm

**4** (1)エ　(2)$54\pi$ cm$^3$

**5** 135°

**6** 5本

**7** (1)

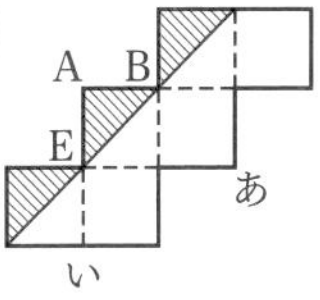


(2)あ…G，い…H

**8** $125\pi$ cm$^3$

### 解説

**1** 側面の展開図は長方形となる。ここで底面の円周の長さは$8\pi$ cmだから，側面積は，

$8\times8\pi=64\pi$(cm$^2$)

また，底面積は

$\pi\times4^2=16\pi$(cm$^2$)

したがって，表面積は，

$64\pi+16\pi\times2=96\pi$(cm$^2$)

**2** (1)この立体は底面が1辺6 cmの正方形，高さが$3\sqrt{3}$ cmの正四角錐だから，体積は

$\dfrac{1}{3}\times6^2\times3\sqrt{3}=36\sqrt{3}$(cm$^3$)

(2)側面の1つの三角形は，底辺が6 cm，高さが$\sqrt{3^2+(3\sqrt{3})^2}=\sqrt{36}=6$(cm)の二等辺三角形である。よって，表面積は

$\left(\dfrac{1}{2}\times6\times6\right)\times4+6^2=72+36=108$(cm$^2$)

**3** 立体Aは半径4 cmの円を底面とする高さ$h$ cmの円錐，立体Bは半径3 cmの球で，2つの立体の体積は等しいから，$\dfrac{1}{3}\times\pi\times4^2\times h=\dfrac{4}{3}\pi\times3^3$　$h=\dfrac{27}{4}$

**Check Point**

半径$r$の球の体積を$V$，表面積を$S$とすると，

$V=\dfrac{4}{3}\pi r^3$，$S=4\pi r^2$

**4** (1)立体Pは，半径がADの円を底面とする，高さABの円柱だから，**エ**。

(2)AD＝3 cm，AB＝6 cmだから，

$\pi\times3^2\times6=54\pi$(cm$^3$)

**5** 底面の円周の長さと，側面のおうぎ形の弧の長さは等しい。側面のおうぎ形の中心角を$x$°とすると，

$2\pi\times8\times\dfrac{x}{360}=2\pi\times3$

$x=135$

**6** 辺CGとねじれの位置にある辺は，辺AD，辺EH，辺AE，辺EF，辺ABの5本である。

**ミス注意！** 辺BFは辺CGとねじれの位置にはない。BFの延長とCGの延長が交わるからである。
ねじれの位置にある2辺は，平行でなく，交わらない。

**7** 展開図に頂点の記号を入れると，次の図のようになる。

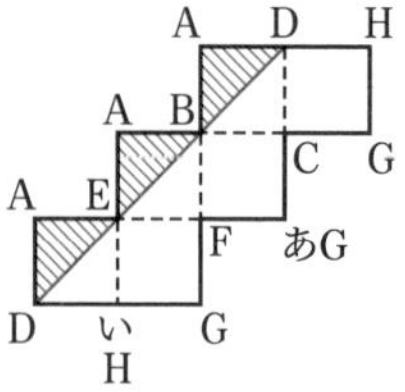


**8** 求める体積は，円柱の体積から円錐(えんすい)の体積をひいたものだから，

$\pi\times5^2\times6-\frac{1}{3}\times\pi\times5^2\times3$

$=150\pi-25\pi=125\pi(\mathrm{cm}^3)$

## 第3日 図形と角

**例題の解法** p.12〜13

**例題1** ①錯角 ②錯角 ③30° ④90°

**例題2** ①100° ②35° ③105°

**例題3** ①5 ②260° ③100° ④360 ⑤9 ⑥12 ⑦150° ⑧12 ⑨150°

**入試実戦テスト** p.14〜15

**1** (1)116° (2)82° (3)25°

**2** (1)56° (2)39° (3)20° (4)35°

**3** (1)六角形 (2)135° (3)60° (4)12

**4** (1)67° (2)33°

**5** $\angle$EAC＝$\angle$BAC－52°

$\angle$DAB＝$\angle$DAE－52°

$\angle$BAC＝$\angle$DAE だから，

$\angle$EAC＝$\angle$DAB

DA∥BC より，平行線の錯角は等しいから，

$\angle$ABC＝$\angle$DAB

よって，$\angle$EAC＝$\angle$ABC

$\angle$ABC＝$\angle x$ とすると，

△ABC の内角の和より，

$\angle x+52°+\angle x+62°=180°$

これを解いて，

$\angle x=33°$

答 33°

**6** 110°

**7** 72°

## 解説

**1** (1)平行線の同位角，錯角は等しいから，

$95°-31°=64°$

$\angle x=180°-64°=116°$

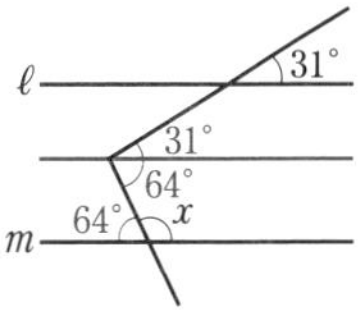


(2)平行線の同位角は等しいから，

$\angle x=136°-54°=82°$

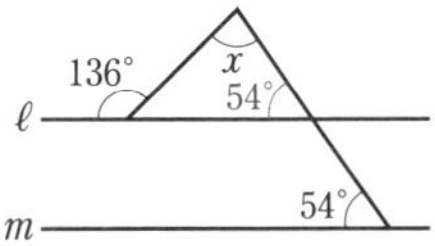


(3)平行線の同位角は等しいから，

$\angle x=40°-15°=25°$

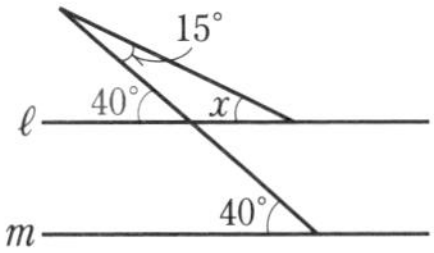


**Check Point**

(2)，(3)では，「三角形の外角は，それととなり合わない2つの内角の和に等しい」を用いている。

$\angle a+\angle x=\angle b$

$\angle x=\angle b-\angle a$

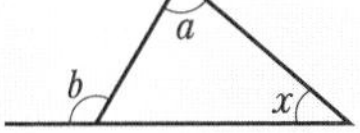


**2** (1)二等辺三角形の2つの底角は等しいから，

$\angle \mathrm{B}=\angle \mathrm{C}=180°-118°=62°$

$\angle x=180°-62°\times 2=56°$

別解 外角を用いて，

$\angle x=118°-62°=56°$

(2)$\triangle$BCDの内角の和より，

$\angle \mathrm{DBC}+\angle \mathrm{DCB}=90°$

$\triangle$ABCの内角の和より，

$\angle x=180°-(40°+11°+90°)=39°$

別解 次の図のように補助線をひく。

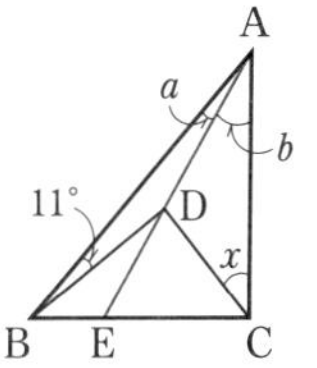


$\angle \mathrm{BDE}=\angle a+11°$

$\angle \mathrm{CDE}=\angle b+\angle x$

$\angle \mathrm{BDC}=\angle \mathrm{BDE}+\angle \mathrm{CDE}$

$90°=\angle a+11°+\angle b+\angle x$

$\angle a+\angle b=40°$ だから，

$90°=40°+11°+\angle x$

$\angle x=39°$

(3)$\triangle$DBC，$\triangle$CADは二等辺三角形。

$\angle \mathrm{DBC}=\angle \mathrm{DCB}$，$\angle \mathrm{CAD}=\angle \mathrm{CDA}$

だから，

$\angle \mathrm{CDA}=40°\times 2=80°$

$\triangle$CADにおいて，

$\angle x=180°-80°\times 2=20°$

(4)$\angle \mathrm{BEC}=60°+20°=80°$

$\angle x=115°-80°=35°$

**Check Point**

(2)次の図のように考えると，

$\angle x=\angle a+\angle b+\angle c$

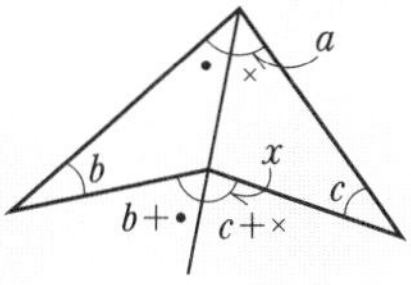


公式として覚えよう！

**3** (1)この多角形を$n$角形とすると，内角の和は，$180°\times(n-2)=720°$

$n-2=4 \quad n=6$

(2)正八角形の内角の和は，

$180°\times(8-2)=1080° \quad 1080°\div 8=135°$

別解 正八角形の1つの外角は，

$360°\div 8=45°$

よって，1つの内角の大きさは，

$180°-45°=135°$

(3) $360° \div 6 - 60°$

(4) $360° \div 30° = 12$　$n = 12$

**4** (1)折れ曲がったところで，$\ell$，$m$ に平行な直線をひいて，同位角や錯角が等しいことを使う。
次の図のようになるから，
$\angle a = 24° + 43° = 67°$

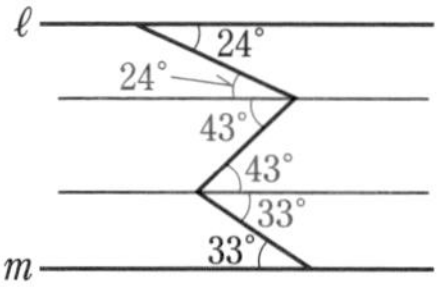


(2) △ABC は二等辺三角形だから，
$\angle ABC = (180° - 30°) \div 2 = 75°$
点 B を通り，$\ell$，$m$ に平行な直線をひくと，
$\angle x + 42° = 75°$，$\angle x = 33°$

**6** 多角形の外角の和は 360° だから，
$55° + 85° + (180° - \angle x) + 90°$
$+ (180° - 120°) = 360°$
これを解いて，
$\angle x = 110°$

**7** 正五角形の内角の和は，
$180° \times (5 - 2) = 540°$
よって，1 つの内角の大きさは，
$540° \div 5 = 108°$
△ABE，△EAD はともに頂角が 108° の二等辺三角形だから，
$\angle AEB = \angle EAD$
$= (180° - 108°) \div 2 = 36°$
よって，$\angle EFD = 36° + 36° = 72°$

## 第4日 三角形

**例題の解法** p.16～17

例題 1 ①AC
②中点
③2 組の辺とその間の角
④等しい

例題 2 ①CED′
②CD
③1 組の辺とその両端の角

例題 3 ①OBP
②斜辺と 1 つの鋭角
③AOP

**入試実戦テスト** p.18～19

**1** △BCD と △ACE において，仮定より，△ABC と △DCE は正三角形だから，
BC＝AC　…①
CD＝CE　…②
∠BCD＝∠ACE＝60°　…③
①，②，③より，2 組の辺とその間の角がそれぞれ等しいから，
△BCD≡△ACE

**2** △AEH と △BEC において，
仮定より，
∠AEH＝∠BEC＝90°　…①
また，仮定より，
∠BAE＝45°，∠AEB＝90°
だから，
∠ABE＝45°
よって，△ABE は直角二等辺三角形であるから，
AE＝BE　…②

また，△ADC で，
∠EAH＝180°－90°－∠C
　　　＝90°－∠C
△BCE で，
∠EBC＝180°－90°－∠C
　　　＝90°－∠C
したがって，
∠EAH＝∠EBC　…③
①，②，③より，1組の辺とその両端の角がそれぞれ等しいから，
△AEH≡△BEC

**3** △ABF と △EBC において，
仮定より，
AB＝EB　…①
BF＝BC　…②
∠ABF＝∠ABC＋∠CBF
　　　＝∠ABC＋90°　…③
∠EBC＝∠ABC＋∠EBA
　　　＝∠ABC＋90°　…④
③，④より，
∠ABF＝∠EBC　…⑤
①，②，⑤より，2組の辺とその間の角がそれぞれ等しいから，
△ABF≡△EBC

**4** △ABI と △GFH において，
仮定より，AB＝GF　…①
∠ABI＝90°－∠FBC
∠GFH＝90°－∠AFB
AD∥BC より，平行線の錯角は等しいから，
∠FBC＝∠AFB
よって，∠ABI＝∠GFH　…②
また，
∠AIB＝∠GHF＝90°　…③
①，②，③より，直角三角形の斜辺と1つの鋭角がそれぞれ等しいから，
△ABI≡△GFH

**5** △ABE と △BCG において，
仮定より，
AB＝BC　…①
∠ABE＝∠BCG＝90°　…②
また，△ABF で，
∠BAF＝90°－∠ABF　…③
∠CBG＝90°－∠ABF　…④
③，④より，∠BAF＝∠CBG
すなわち，
∠BAE＝∠CBG　…⑤
①，②，⑤より，1組の辺とその両端の角がそれぞれ等しいから，
△ABE≡△BCG

**6** 仮定より，△ABC≡△DBE
だから，
∠FAB＝∠FDG　…①
仮定より，DE∥AB で，平行線の錯角は等しいから，
∠FDG＝∠FBA　…②
∠FGD＝∠FAB　…③
①，②より，∠FAB＝∠FBA
よって，△FAB は AB を底辺とする二等辺三角形だから，
FA＝FB　…④
①，③より，∠FDG＝∠FGD
よって，△FGD は GD を底辺とする二等辺三角形だから，
FD＝FG　…⑤
△FDA と △FGB において，対頂角は等しいから，
∠AFD＝∠BFG
これと④，⑤より，2組の辺と

**その間の角がそれぞれ等しいから，**
**$\triangle$FDA≡$\triangle$FGB**

**7** (1) **$\triangle$PBC と $\triangle$QRC において，**
**仮定より，BC＝RC　…①**
**∠PBC＝∠QRC＝90°　…②**
**∠PCB＝90°－∠PCQ**
**∠QCR＝90°－∠PCQ**
**よって，**
**∠PCB＝∠QCR　…③**
**①，②，③より，1 組の辺とその両端の角がそれぞれ等しいから，**
**$\triangle$PBC≡$\triangle$QRC**
(2) **115°**

**8** (1) **50°**
(2) **$\triangle$ABD と $\triangle$ACE において，**
**仮定より，**
**AB＝AC　…①**
**AD＝AE　…②**
**∠BAD＝40°＋∠CAD**
**∠CAE＝40°＋∠CAD**
**よって，**
**∠BAD＝∠CAE　…③**
**①，②，③より，2 組の辺とその間の角がそれぞれ等しいから，**
**$\triangle$ABD≡$\triangle$ACE**

## 解説

**1** 正三角形の定義(3 つの辺が等しい三角形)と正三角形の定理(3 つの角は等しい)を利用する。

**2** ∠A＝45° で，∠AEB＝90° から，$\triangle$ABE で，∠ABE＝45° になるので，$\triangle$ABE は直角二等辺三角形であることに気づけば，AE＝BE がわかる。

**ミス注意！** この問題の三角形は，直角三角形であるが，合同条件は直角三角形の合同条件ではなく，一般の三角形の合同条件「1 組の辺とその両端の角がそれぞれ等しい」を使っている。その理由は，斜辺 AH と BC が等しいことを示せないからである。
このように，直角三角形の合同の証明で，一般の三角形の合同条件を使うことがあるので注意しよう。

**3** 正方形の 1 つの内角は 90° であることを用いて，共通な角に同じ大きさの角をたしていることを利用する。

**4** 長方形 EBFG は長方形 ABCD を回転させたものだから，
EB＝AB＝DC＝GF
$\triangle$ABI と $\triangle$GFH は直角三角形で，斜辺が等しいことがわかっているから，直角三角形の合同条件を使う。

**5** $\angle a=90°-\angle b,\ \angle c=90°-\angle b$ ならば，$\angle a=\angle c$ を利用して，角の大きさが等しいことを説明する。

**6** ∠AFD＝∠BFG はすぐわかるので，この角をはさむ 2 辺がそれぞれ等しいことを示す方向で考える。

**7** (1)折り返しの問題では，「折り返す図形と折り返された図形は必ず合同になる」のがポイントである。この問題では，四角形 APQD≡四角形 CPQR を用いる。
∠PCR＝∠PAD＝90° である。
(2)(1)より，CP＝CQ なので，
∠CPQ＝∠CQP
∠PCQ＝90°－40°＝50°
よって，
∠CQP＝(180°－50°)÷2＝65°
また，(1)より，
∠CQR＝∠CPB＝90°－40°＝50°

したがって，
$\angle PQR = \angle CQP + \angle CQR$
$= 65° + 50° = 115°$
別解 △PBC で，$\angle B = 90°$，
$\angle PCB = 40°$ だから，$\angle BPC = 50°$
また，$\angle APQ = \angle CPQ$ だから，
$\angle CPQ = (180° - 50°) \div 2 = 65°$
QR∥PC だから，
$\angle PQR = 180° - \angle CPQ$
$= 180° - 65° = 115°$

**8** (1) △ABC は二等辺三角形だから，
$\angle ABC = \angle ACB$
$\angle BAC = 40°$ だから，
$\angle ABC = (180° - 40°) \div 2 = 70°$
よって，$\angle DBC = 70° - 20° = 50°$
AD∥BC より，錯角は等しいから，
$\angle ADB = \angle DBC = 50°$
(2) ∠CAD が共通な角であるから，
$\angle BAD = 40° + \angle CAD = \angle CAE$

# 第5日 平行四辺形

**例題の解法** p.20～21

**例題 1** ① 51°　② 107°
③ BAD
**例題 2** ① BC　② BC　③ EC
**例題 3** ① 高さ　② DBC
③ OBC　④ OBC

**入試実戦テスト** p.22～23

**1** (1) 56°　(2) 3 cm

**2** 平行四辺形 ABCD より，
AB∥DC
よって，AB∥CF
したがって，
△CAB＝△FAB　…①
△AEC＝△CAB－△EAB …②
△BEF＝△FAB－△EAB …③
①，②，③より，
△AEC＝△BEF

**3** △ADF と △BFE において，
仮定より，BF＝BC，AB＝CE
だから，
FA＝BF－AB＝BC－CE
よって，FA＝EB　…①
平行四辺形の 2 組の対辺はそれぞれ等しいから，
AD＝BC　…②
仮定より，BC＝BF　…③
②，③より，AD＝BF　…④
平行四辺形の対辺は平行だから，
AD∥BC
平行線の同位角は等しいから，
∠FAD＝∠EBF　…⑤

①，④，⑤より，2組の辺とその間の角がそれぞれ等しいから，
△ADF≡△BFE

**4** △ABE と △CDF において，
仮定より，
∠BEA＝∠DFC＝90°　…①
仮定より，平行四辺形の対辺は等しいから，
AB＝CD　…②
仮定より，AB∥DC で，平行線の錯角は等しいから，
∠ABE＝∠CDF　…③
①，②，③より，直角三角形の斜辺と1つの鋭角がそれぞれ等しいから，
△ABE≡△CDF
よって，四角形 AECF において，
AE＝CF　…④
仮定より，
∠AEF＝∠CFE＝90° で，錯角が等しいから，
AE∥CF　…⑤
④，⑤より，1組の対辺が平行でその長さが等しいから，
四角形 AECF は平行四辺形。

**5** (1)△BGE と △DFE において，
仮定より，BE＝DE　…①
AD∥BC より，平行線の錯角は等しいから，
∠EBG＝∠EDF　…②
対頂角は等しいから，
∠BEG＝∠DEF　…③
①，②，③より，1組の辺とその両端の角がそれぞれ等しいから，
△BGE≡△DFE
よって，BG＝DF
(2)次の図のように，H を通り BC に平行な直線と BD との交点を I とする。

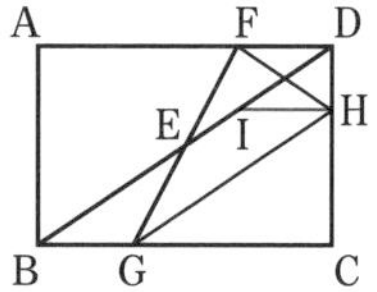


△HDF と △DHI において，
∠HDF＝∠DHI＝90°　…①
HD＝DH　…②
IB∥HG，IH∥BG より，
四角形 IBGH は平行四辺形になるから，
BI＝GH　…③
HI＝BG　…④
また，(1)より BG＝DF だから，
④より，DF＝HI　…⑤
①，②，⑤より，2組の辺とその間の角がそれぞれ等しいから，
△HDF≡△DHI
よって，FH＝ID　…⑥
③，⑥より，
FH＋GH＝ID＋BI＝BD

**6** 点D を通り，直線 AC に平行な直線と半直線 BA との交点を P とすればよい。

**7** 次の図のように，点 G を通り，辺 AB に平行な線分 HI をひく。

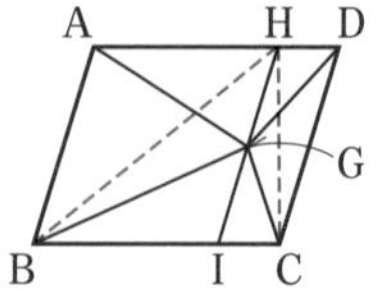


底辺と高さがそれぞれ等しいから，

$\triangle$GAB＝$\triangle$HAB
$\triangle$GCD＝$\triangle$HCD
よって，
$\triangle$GAB＋$\triangle$GCD
＝$\triangle$HAB＋$\triangle$HCD
$=\frac{1}{2}$▱ABIH$+\frac{1}{2}$▱HICD
$\triangle$GDA＝$\triangle$GBH＋$\triangle$GCH
$\triangle$GBC＝$\triangle$GBI＋$\triangle$GIC
よって，
$\triangle$GDA＋$\triangle$GBC
＝$\triangle$HBI＋$\triangle$HIC
$=\frac{1}{2}$▱ABIH$+\frac{1}{2}$▱HICD
したがって，$\triangle$GAB＋$\triangle$GCD
＝$\triangle$GDA＋$\triangle$GBC

## 解説

**1** (1)平行四辺形の対辺は平行だから，
AD∥BC
平行線の錯角は等しいから，
∠DAF＝∠FEB＝56°
$\triangle$AFD は ∠AFD＝90° の直角三角形だから，
∠FDA＝180°－(56°＋90°)
＝34°
直線 DF は ∠ADC の二等分線だから，
∠CDA＝34°×2＝68°
∠BAF＋∠DAF＝180°－∠CDA だから，
∠BAF＝180°－68°－56°＝56°
(2)AE が ∠A の二等分線で，
AD∥BC だから，
∠BAE＝∠EAD＝∠AEB
したがって，$\triangle$BAE は BA＝BE の二等辺三角形である。同様に，
$\triangle$CDF も CD＝CF の二等辺三角形である。
AB＝CD より，BE＝CF＝6.5 cm
よって，EF＝BE＋CF－BC
＝6.5×2－10＝3(cm)

**2** 次の図の台形 ABCD において，
AD∥BC より，
$\triangle$ABC＝$\triangle$DBC
$\triangle$AOB＝$\triangle$DOC
であることを覚えておこう。

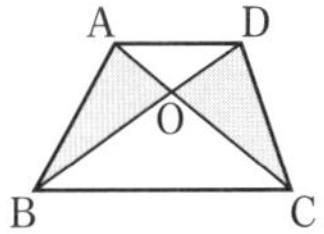


**3** 平行四辺形や平行線の性質から，AD＝BF，∠FAD＝∠EBF にはすぐ気づくであろう。あとは，FA＝EB を示すために仮定を利用することを考える。

**4** 四角形 AECF が平行四辺形であることを示すため，AE＝CF，AE∥CF を示すことを考える。

**5** (1)$\triangle$BGE≡$\triangle$DFE を証明する。

**6** PD∥AC より，
$\triangle$PAC＝$\triangle$DAC となるから，
$\triangle$PBC＝四角形 ABCD

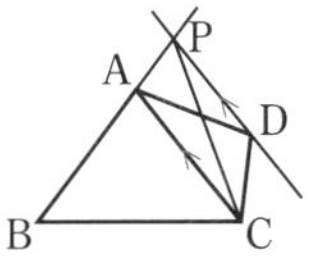


**Check Point**
底辺と高さが等しい三角形は面積が等しいことから，頂点を底辺に平行に移動すれば，面積は等しい関係を保ちながら図形が変形される。これを**等積変形**という。

**7** 別解 $\triangle$GAB＝$\triangle$HAB
$\triangle$GCD＝$\triangle$HCD
$\triangle$HCD＝$\triangle$HBD だから，
$\triangle$GAB＋$\triangle$GCD
＝$\triangle$HAB＋$\triangle$HCD
＝$\triangle$HAB＋$\triangle$HBD
＝$\triangle$ABD …①

また，△GDA＝△GHA＋△GDH
△GBC＝△GBI＋△GCI
△GDA＋△GBC
＝△GHA＋△GDH＋△GBI＋△GCI
＝△GHB＋△GBI＋△GCH＋△GCI
＝△HBI＋△HCI
＝△HBC
＝△DBC　…②
△ABD＝△DBC だから，①，②より，
△GAB＋△GCD＝△GDA＋△GBC
別解 次の図のように，点Gを通り，辺AB，辺ADにそれぞれ平行な線分HIと線分JKをひき，
△AJG＝△GHA，
△JBG＝△IGB，△KDG＝△HGD，
△CKG＝△GIC を利用して説明してもよい。

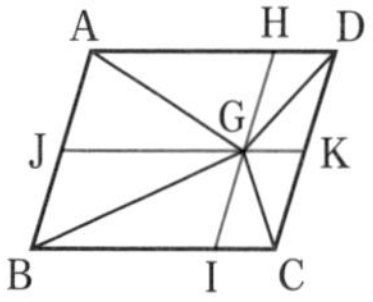


## 第6日 相似な図形 ①

例題の解法 p.24～25

例題1 ①ACB　②2組の角

例題2 ①ACB　②∽　③AE　④$\frac{16}{3}$

例題3 ①BC　②AE　③9　④10　⑤6　⑥4　⑦8

例題4 ①DC　②FG

入試実戦テスト p.26～27

**1** (1)△ABE と △ECH において，
∠ABE＝∠ECH＝90°　…①
三角形の内角の和は 180° だから，
∠BAE＋∠AEB＝180°－90°
＝90°
よって，
∠BAE＝90°－∠AEB　…②
また，
∠AEB＋∠CEH＝180°－90°
＝90°
よって，
∠CEH＝90°－∠AEB　…③
②，③より，
∠BAE＝∠CEH　…④
①，④より，2組の角がそれぞれ等しいから，
△ABE∽△ECH
(2)$\frac{21}{5}$ cm

**2** (1)$\frac{15}{7}$　(2)$\frac{14}{3}$

**3** △GFE と △GDH において，
平行線の同位角は等しいから，

∠GEF＝∠EAD　…①
仮定より，
∠EAD＝∠EAB　…②
平行線の錯角は等しいから，
∠EAB＝∠GHD　…③
①，②，③より，
∠GEF＝∠GHD　…④
平行線の同位角は等しいから，
∠GFE＝∠FDA　…⑤
仮定より，
∠FDA＝∠GDH　…⑥
⑤，⑥より，
∠GFE＝∠GDH　…⑦
④，⑦より，2 組の角がそれぞれ等しいから，
△GFE∽△GDH

**4** 8 cm

**5** △ABD と △EAF において，
仮定より，
AB：EA＝AC：EA
　　　＝2：1　…①
AD∥EF だから，
AD：EF＝AC：CE
　　　＝2：1　…②
①，②より，
AB：EA＝AD：EF　…③
平行線の錯角は等しいから，
∠CAD＝∠ACB＝45°
よって，
∠BAD＝∠BAC＋∠CAD
　　　＝90°＋45°
　　　＝135°　…④
平行線の同位角は等しいから，
∠CEF＝∠CAD＝45°
よって，
∠AEF＝180°－∠CEF
　　　＝180°－45°
　　　＝135°　…⑤
④，⑤より，
∠BAD＝∠AEF　…⑥
③，⑥より，2 組の辺の比とその間の角がそれぞれ等しいから，
△ABD∽△EAF

**6** △ABC において，点 D，E はそれぞれ辺 AB，AC の中点だから，中点連結定理より，
DE∥CF　…①
DE＝$\frac{1}{2}$BC　…②
△DGE と △FGC において，
仮定より，CF＝$\frac{1}{2}$BC だから，
これと②より，
ED＝CF　…③
①より，平行線の錯角は等しいから，
∠GED＝∠GCF　…④
∠EDG＝∠CFG　…⑤
③，④，⑤より，1 組の辺とその両端の角がそれぞれ等しいから，
△DGE≡△FGC

**7** $\frac{3}{2}$ cm

**8** 4 m

## 解説

**1** (1)相似を証明するときは，まず等しい 2 組の角をさがす。
(2)四角形 ABCD は正方形だから，
AB＝BC＝5 cm，BE＝4 cm だから，
EC＝5－4＝1(cm)
(1)より，△ABE∽△ECH より，対

応する辺の比は等しいから，
AB：EC＝BE：CH
5：1＝4：CH
よって，$CH=\frac{4}{5}$ cm
$DH=5-\frac{4}{5}=\frac{21}{5}$(cm)

**2** (1)$x$：5＝3：(3＋4)
これを解いて，$x=\frac{15}{7}$
(2)5：7＝(8－$x$)：$x$
これを解いて，$x=\frac{14}{3}$
別解 $x$：8＝7：(7＋5)
これを解いて，$x=\frac{14}{3}$

**ミス注意！** (1)において，
$x$：5＝3：4 としないように。
$x$：5＝3：(3＋4) である。

**3** 角の二等分線と平行線の性質を用いて相似条件「2組の角がそれぞれ等しい」ことを示す。

**4** AD∥BC より，
AD：CB＝DE：BE
BE＝$x$ cm とすると，
4：8＝(12－$x$)：$x$
1：2＝(12－$x$)：$x$
これを解いて，$x$＝8

**5** AB＝AC より，AB：EA は，
AC：EA に等しい。
また，△ABC は直角二等辺三角形だから，∠ACB＝45°

**6** 中点連結定理を用いて三角形の合同条件「1組の辺とその両端の角がそれぞれ等しい」ことを示す。

**7** △ABC で，MN∥BC だから，
MQ：BC＝AM：AB＝1：2
よって，$MQ=\frac{1}{2}BC=\frac{7}{2}$(cm)
△ABD で同様に，
$MP=\frac{1}{2}AD=2$(cm)
$PQ=MQ-MP=\frac{7}{2}-2=\frac{3}{2}$(cm)

**8** △PQF に注目する。
DC＝AB＝1 m
PQ：DC＝QF：CF
PQ：1＝(6＋2)：2
よって，PQ＝4 m

## 第7日 相似な図形 ②

**例題の解法** p.28～29

例題 1 ①BD ②$x$ ③$6x$ ④6

例題 2 ①BEF ②4 ③$\frac{3}{4}$ ④6

⑤7 ⑥7

例題 3 ①9 ②4 ③27

**入試実戦テスト** p.30～31

**1** (1)△ABC と △ACD において，
共通な角だから，
∠CAB＝∠DAC …①
仮定より，
∠ABC＝∠ACD …②
①，②より，2 組の角がそれぞれ等しいから，
△ABC∽△ACD
(2)3 cm

**2** (1)9：4
(2)△FDA＝$\frac{2}{3}S$
四角形 FBCE＝$\frac{11}{9}S$

**3** 35：4

**4** (1)△ABP と △ADP において，
AB＝AD …①
∠PAB＝∠PAD＝45° …②
AP は共通 …③
①，②，③より，2 組の辺とその間の角がそれぞれ等しいから，
△ABP≡△ADP
よって，
∠PBA＝∠PDA …④
AB∥DC より，平行線の錯角は等しいから，
∠CMB＝∠PBA …⑤
④，⑤より，
∠CMB＝∠PDA
(2)24 $cm^2$

**5** (1)9 cm (2)$\frac{32}{5}$倍

**6** 4 cm

**7** 5 倍

### 解説

**1** (1)等しい 2 組の角を見つけて相似を証明する。
(2)(1)より，△ABC∽△ACD だから，
AB：AC＝AC：AD
よって，AB：6＝6：4 より，
AB＝9 cm
したがって，
DB＝AB－AD＝9－4
＝5(cm) …①
△BCD において，線分 CE は ∠BCD の二等分線だから，角の二等分線と線分の比の性質より，
BE：ED＝CB：CD …②
(1)より，△ABC∽△ACD だから，
CB：DC＝AC：AD
＝6：4
＝3：2 …③
②，③より，BE：ED＝3：2
よって，①より，
BE＝$\frac{3}{5}$DB＝3(cm)

**2** (1)△FAB∽△FED で，
CE：ED＝1：2 より，
AB：ED＝3：2
相似な図形の面積比は，相似比の 2 乗に等しいから，
△FAB：△FED＝$3^2$：$2^2$
＝9：4

(2) FB：FD＝AB：ED＝3：2 より，
$\triangle$FAB：$\triangle$FDA＝3：2
$S$：$\triangle$FDA＝3：2
$\triangle FDA=\frac{2}{3}S$
$\triangle BCD=\triangle ABD$
$=\triangle FAB+\triangle FDA$
$=S+\frac{2}{3}S$
$=\frac{5}{3}S$
四角形 FBCE＝$\triangle$BCD－$\triangle$FED
$=\frac{5}{3}S-\frac{4}{9}S$
$=\frac{11}{9}S$

**3** $\triangle$GDB と $\triangle$GEF において，
対頂角は等しいから，
$\angle$BGD＝$\angle$FGE　…①
BD∥EF より，錯角は等しいから，
$\angle$DBG＝$\angle$EFG　…②
①，②より，2 組の角がそれぞれ等しいから，$\triangle$GDB∽$\triangle$GEF
よって，仮定より，
GD：GE＝BG：FG＝5：2
よって，
$\triangle$GDB：$\triangle$GEB＝GD：GE
＝5：2　…③
AD∥BE より，
$\triangle$DBE＝$\triangle$ABE＝$S$
だから，③より，
$\triangle GDB=\frac{5}{5+2}\triangle DBE=\frac{5}{7}S$　…④
$\triangle$GDB と $\triangle$GEF の相似比は 5：2 だから，面積比は，
$5^2:2^2=25:4$
これと④より，
$T=\triangle GEF=\frac{4}{25}\triangle GDB$
$=\frac{4}{25}\times\frac{5}{7}S=\frac{4}{35}S$
すなわち，$S$：$T$＝35：4

**4** (1) $\triangle$ABP≡$\triangle$ADP を示して，
$\angle$PBA＝$\angle$PDA であることを用いる。
(2) AP：PC＝AB：MC＝2：1
よって，$\triangle PCD=\frac{1}{1+2}\times\triangle ADC$
$\triangle ADC=\frac{1}{2}\times$正方形 ABCD
よって，
$\triangle PCD=\frac{1}{3}\times\frac{1}{2}\times144=24(cm^2)$

**5** (1) BG は $\angle$ABC の二等分線だから，
$\angle$DBG＝$\angle$CBF
また，DE∥BC より，
$\angle$CBF＝$\angle$DGB
よって，$\angle$DBG＝$\angle$DGB だから，
DG＝DB
DE∥BC より，
AD：AB＝DE：BC＝2：8＝1：4
したがって，
$DG=DB=12\times\frac{3}{4}=9(cm)$
(2) BF は $\angle$ABC の二等分線だから，角の二等分線と線分の比の性質より，
AF：FC＝AB：BC＝12：8
＝3：2
よって，FC：AC＝2：(3+2)
＝2：5
高さが等しい三角形の面積比は底辺の比に等しいから，
$\triangle$FBC：$\triangle$ABC＝FC：AC＝2：5
$\triangle$ADE∽$\triangle$ABC で，
AD：AB＝1：4 だから，
$\triangle ADE:\triangle ABC=1^2:4^2=1:16$
$\triangle FBC=\frac{2}{5}\triangle ABC$,
$\triangle ADE=\frac{1}{16}\triangle ABC$ より，
$\frac{2}{5}\triangle ABC\div\frac{1}{16}\triangle ABC=\frac{32}{5}$(倍)

**6** 切りとった円錐（えんすい）ともとの円錐の体積比は $1:8=1^3:2^3$ だから，相似比は

1：2 になる。
よって，切りとった母線の長さは，

$8\times\frac{1}{2}=4$(cm)

**7** 三角錐 A–BCD の底面 BCD の面積を $S$，高さを $h$ とする。
△BCD で，中点連結定理より，
PQ∥CD
△BPQ∽△BCD で相似比が 1：2 だから，
$\triangle BPQ : \triangle BCD=1^2 : 2^2=1 : 4$
よって，

$\triangle BPQ=\frac{1}{4}\triangle BCD=\frac{1}{4}S$ …①

また，仮定より，
AR：RB＝1：4 だから，
三角錐 R–BPQ の底面を △BPQ としたときの高さは，

$\frac{4}{1+4}h=\frac{4}{5}h$ …②

①，②より，

$\frac{1}{3}Sh\div\left(\frac{1}{3}\times\frac{1}{4}S\times\frac{4}{5}h\right)=5$(倍)

## 第8日 円

**例題の解法** p.32〜33

**例題 1** ①2　②90　③55
**例題 2** ①35°　②85°　③DBC　④ACD　⑤ある
**例題 3** ①DPB　②CAP
**例題 4** ①DAC　②90

**入試実戦テスト** p.34〜35

**1** (1)49°　(2)70°　(3)106°
(4)33°　(5)20°　(6)19°

**2** 117°

**3** △ABE で，三角形の外角より，
∠BAE＝100°−32°＝68°
よって，
∠BAC＝∠BDC＝68° だから，
円周角の定理の逆より，4 点 A，B，C，D は同一円周上にある。
∠CBD＝180°−(100°＋43°)
＝37°
だから，
∠CAD＝∠CBD＝37°　答 37°

**4** 48°

**5** △ABD と △AEB において，
AB＝AC だから，
∠ABD＝∠ACB …①
$\overset{\frown}{AB}$ に対する円周角だから，
∠ACB＝∠AEB …②
よって，①，②より，
∠ABD＝∠AEB …③
共通な角だから，
∠BAD＝∠EAB …④
③，④より，2 組の角がそれぞ

れ等しいから，
△ABD∽△AEB

**6** △ABE と △DCB において，1つの弧に対する円周角の大きさは等しいから，
∠EAB＝∠BDC …①
∠BEA＝∠BDA …②
AD∥BC より，平行線の錯角は等しいから，
∠BDA＝∠CBD …③
②，③より，
∠BEA＝∠CBD …④
①，④より，2組の角がそれぞれ等しいから，
△ABE∽△DCB

**7** △ABF と △ADG において，
正方形 ABCD より，
AB＝AD …①
また，
∠ABF＝∠ADG＝90° …②
AB＝BE より，△BAE の2つの底角は等しいから，
∠BEA＝∠BAE …③
同じ弧に対する円周角の大きさは等しいから，
∠BEA＝∠BFA …④
AB∥DC より，平行線の錯角は等しいから，
∠BAE＝∠DGA …⑤
③，④，⑤より，
∠BFA＝∠DGA …⑥
三角形の内角の和は 180° だから，
②，⑥より，
∠BAF＝∠DAG …⑦
①，②，⑦より，1組の辺とその両端の角がそれぞれ等しいから，
△ABF≡△ADG
したがって，対応する辺は等しいから，
AF＝AG

**8** (1)① ∠ABD(∠ABP)
② ∠ACD(∠PCD)
(①と②は逆でもよい。)
(2) △ABC と △DPC において，
(1)より，
∠BCA＝∠PCD …①
$\overset{\frown}{BC}$ に対する円周角だから，
∠BAC＝∠PDC …②
仮定より，CA＝CD …③
①，②，③より，1組の辺とその両端の角がそれぞれ等しいから，
△ABC≡△DPC
(3) 70°

## 解説

**1** (1) 1つの弧に対する中心角の大きさは，その弧に対する円周角の大きさの2倍だから，
∠BOC＝41°×2＝82°
△OBC で，OB＝OC より，
$\angle x=(180°-82°)\div2=49°$
(2) ∠AOD＝180°－40°＝140°
1つの弧に対する円周角の大きさは，その弧に対する中心角の大きさの半分だから，
$\angle x=140°\div2=70°$
(3) 点Bを通らない $\overset{\frown}{AC}$ に対する中心角は，
360°－148°＝212°
よって，$\angle x=212°\div2=106°$
(4) 半円の弧に対する円周角は 90° だか

ら，

∠BCA＝90°

△OBC は OB＝OC の二等辺三角形だから，

∠BCO＝∠OBC＝57°

よって，$\angle x$＝∠BCA－∠BCO

＝90°－57°＝33°

(5) ∠ACB＝60°÷2＝30°

△OBC は二等辺三角形より，

∠OCB＝50°

よって，$\angle x$＝50°－30°＝20°

(6) △OBC は二等辺三角形だから，

∠BOC＝180°－52°×2＝76°

∠BAC＝76°÷2＝38°

△ABC は二等辺三角形だから，

∠ABC＝(180°－38°)÷2＝71°

$\angle x$＝71°－52°＝19°

**2** $\overset{\frown}{BC}$ に対する中心角は，

∠BOC＝18°×2＝36°

中心角の大きさは，弧の長さに比例する。

$\overset{\frown}{AB}$：$\overset{\frown}{BC}$＝3：2 だから，

∠AOB：∠BOC＝3：2

∠AOB：36°＝3：2

∠AOB＝54°

よって，∠ADB＝54°÷2＝27°

また，$\overset{\frown}{BC}$：$\overset{\frown}{CD}$＝2：4＝1：2 だから，

∠BOC：∠COD＝1：2

36°：∠COD＝1：2

∠COD＝72°

よって，∠CAD＝72°÷2＝36°

△AED において，

∠AED＝180°－(∠ADE＋∠EAD)

＝180°－(27°＋36°)

＝117°

**3** 別解 ∠ACD＝∠ABD から，円周角の定理の逆を使ってもよい。

**Check Point**

問題文の中に円がない場合でも，次の図のように，1つの辺に対して同じ側にある角で

∠BAC＝∠BDC

ならば，点 A，B，C，D は同一円周上にある。

これを**円周角の定理の逆**という。

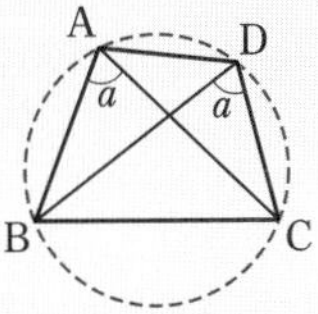


同一円周上にある点がわかれば，円周角の定理を使うことができる。

**4** 次の図で，

∠BEC＝180°－∠CBE－∠BCE

＝180°－90°－74°

＝16°

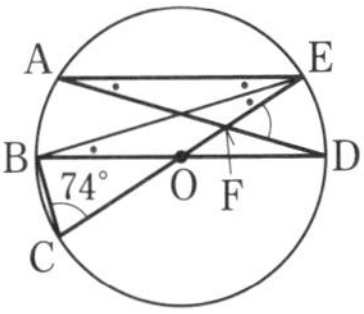


OE＝OB，AE∥BD より，二等辺三角形の底角は等しいこと，平行線の錯角は等しいこと，同じ弧に対する円周角は等しいことから，・をつけた角はすべて 16° となる。

よって，∠EFD は △AFE の外角なので，

∠EFD＝∠FEA＋∠EAF

＝16°×2＋16°＝48°

**Check Point**

次の図で，CE は直径だから，

∠CBE＝90°

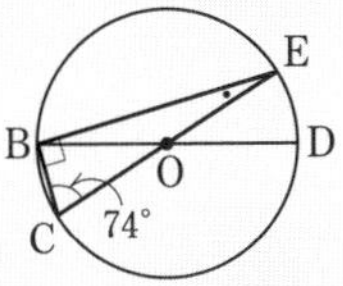

**5** 二等辺三角形の性質と円周角の定理「同じ弧に対する円周角は等しい」を用いる。
また，共通の角 ∠BAD＝∠EAB があることも用いる。

**6** 円周角の定理と平行線の性質をうまく使って証明する。

**7** △ABF と △ADG はともに直角三角形であるが，斜辺 AF＝AG が証明したいことなので，AB＝AD とその両端の角が等しいことから証明する。

**8** (3) ∠ABD＝∠ADB
＝(180°－100°)÷2
＝40°
また，∠ACD＝∠ABD＝40°
CA＝CD より，
∠CAD＝∠CDA
＝(180°－40°)÷2
＝70°
∠BAC＝100°－70°＝30°
よって，
∠BPC＝∠ABP＋∠BAP
＝40°＋30°＝70°

# 第9日 三平方の定理（平面図形）

**例題の解法** p.36～37

例題 1 ①20　②$2\sqrt{5}$　③$\sqrt{3}$
④4　⑤$\sqrt{2}$　⑥$8\sqrt{2}$
⑦$4\sqrt{2}$

例題 2 ①$\sqrt{3}$　②3　③$3\sqrt{3}$
④$\frac{1}{2}$

例題 3 ①45　②90　③$\sqrt{2}$
④$5\sqrt{2}$

**入試実戦テスト** p.38～39

**1** (1) $\sqrt{5}$ cm
(2) △AEC と △BED において，
仮定より，
∠ECA＝∠EDB＝90°　…①
対頂角は等しいから，
∠AEC＝∠BED　…②
①，②より，2組の角がそれぞれ等しいから，
△AEC∽△BED
(3) $\frac{4\sqrt{13}}{13}$ cm

**2** (1)
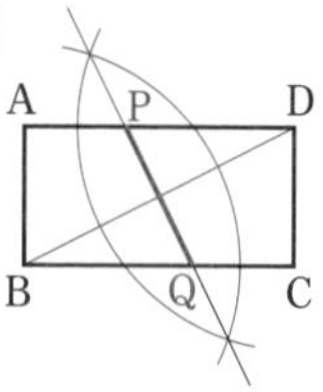

(2) $2\sqrt{5}$ cm

**3** $\frac{12\sqrt{5}}{5}$ cm

**4** 2 cm

**5** $\frac{\sqrt{7}}{3}$ $cm^2$

**6** $\left(2\sqrt{3}-\dfrac{2}{3}\pi\right)$ **cm²**

**7** (1)**30°** (2)**24$\sqrt{3}$ cm²**
(3)**$\sqrt{3}$：1** (**3：$\sqrt{3}$ でもよい。**)

## 解説

**1** (1)△AEC において三平方の定理より，
$AE=\sqrt{AC^2+CE^2}=\sqrt{2^2+1^2}=\sqrt{5}$(cm)

(3)辺 BE を底辺とみると，

$\triangle ABE=\dfrac{1}{2}\times BE\times AC$

$=\dfrac{1}{2}\times(3-1)\times 2$

$=2(cm^2)$ …①

△ABC において三平方の定理より，
$AB=\sqrt{AC^2+BC^2}=\sqrt{2^2+3^2}=\sqrt{13}$(cm)
辺 AB を底辺とみると，

$\triangle ABE=\dfrac{1}{2}\times AB\times EF=\dfrac{\sqrt{13}}{2}EF$ …②

と表せる。

①，②より，$\dfrac{\sqrt{13}}{2}EF=2$ だから，

$EF=\dfrac{4\sqrt{13}}{13}$(cm)

**Check Point**
異なる辺を底辺とみて三角形の面積を式で表すことで，図形内の線分の長さを求められることがある。

別解 △EBF と △ABC において，
共通な角だから，
∠EBF＝∠ABC …①
仮定より，
∠EFB＝∠ACB＝90° …②
①，②より，2組の角がそれぞれ等しいから，△EBF∽△ABC
したがって，EF：AC＝EB：AB
ここで，$AB=\sqrt{AC^2+BC^2}=\sqrt{13}$(cm)
また，EB＝BC－CE＝3－1＝2(cm)
よって，EF：AC＝2：$\sqrt{13}$ だから，

$EF=\dfrac{2}{\sqrt{13}}AC=\dfrac{2}{\sqrt{13}}\times 2=\dfrac{4\sqrt{13}}{13}$(cm)

**2** (1)対角線 BD の垂直二等分線をひき，辺 AD，BC と交わる点を P，Q とする。

(2)折り返した角だから，
∠BPQ＝∠DPQ
AD∥BC より，錯角は等しいから，
∠DPQ＝∠BQP
よって，∠BPQ＝∠BQP より，
△BPQ は，BP＝BQ の二等辺三角形になる。
BQ＝BP＝PD＝5 cm
P から BC に垂線をひき，BC との交点を H とすると，
BH＝AP＝3 cm
$PH=\sqrt{BP^2-BH^2}=\sqrt{5^2-3^2}=4$(cm)
HQ＝BQ－BH＝5－3＝2(cm)
$PQ=\sqrt{4^2+2^2}=\sqrt{20}=2\sqrt{5}$(cm)

**3** △ABC において，三平方の定理より，
$AC=\sqrt{5^2-3^2}=4$(cm)
BD は ∠ABC の二等分線だから，角の二等分線と線分の比の性質より，
AD：CD＝AB：BC＝5：3

よって，$DC=4\times\dfrac{3}{5+3}=\dfrac{3}{2}$(cm)

△DBC において，三平方の定理より，

$BD=\sqrt{3^2+\left(\dfrac{3}{2}\right)^2}=\dfrac{3\sqrt{5}}{2}$(cm)

AB∥EC より，
BD：ED＝AD：CD＝5：3
したがって，

$BE=\dfrac{5+3}{5}BD=\dfrac{8}{5}\times\dfrac{3\sqrt{5}}{2}=\dfrac{12\sqrt{5}}{5}$(cm)

別解 AB∥EC より，錯角は等しいから，∠CEB＝∠ABE …①
線分 BE は ∠ABC の二等分線だから，
∠ABE＝∠EBC …②
①，②より，∠CEB＝∠EBC
よって，△CEB は辺 EB を底辺とする

二等辺三角形だから,
CE＝BC＝3 cm …③
点 E から辺 BC の延長にひいた垂線と, 辺 BC との交点を H とすると, △ABC と △ECH において, AB∥EC より, 同位角は等しいから,
∠ABC＝∠ECH …④
∠BCA＝∠CHE＝90° …⑤
④, ⑤より, 2 組の角がそれぞれ等しいから, △ABC∽△ECH
③より, △ABC と △ECH の相似比は, AB：EC＝5：3 だから,
$CH=\frac{3}{5}BC=\frac{3}{5}\times3=\frac{9}{5}$(cm) …⑥
△ABC において, 三平方の定理より,
$AC=\sqrt{5^2-3^2}=4$(cm)
よって,
$EH=\frac{3}{5}AC=\frac{3}{5}\times4=\frac{12}{5}$(cm) …⑦
△EBH は ∠BHE＝90° の直角三角形だから,
⑥, ⑦より,
$BE=\sqrt{\left(3+\frac{9}{5}\right)^2+\left(\frac{12}{5}\right)^2}=\frac{12\sqrt{5}}{5}$(cm)

**4** $BC=\sqrt{5^2+12^2}=13$(cm)
円 O の半径を $x$ cm とすると,
△OAB＋△OBC＋△OCA＝△ABC
だから,
$\frac{5x}{2}+\frac{13x}{2}+\frac{12x}{2}=\frac{5\times12}{2}$
$30x=60$ $x=2$
別解 次の図のように, 円 O と △ABC との接点をそれぞれ D, E, F とする。

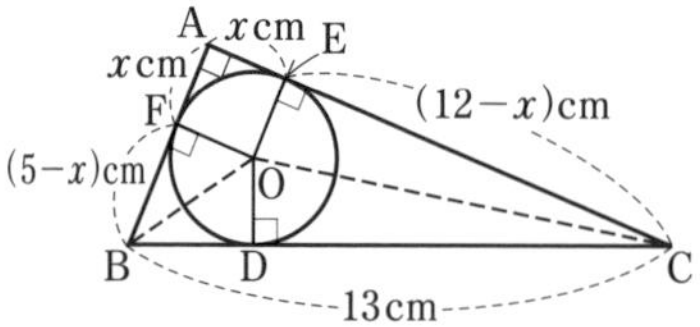


円外の 1 点から円にひいた接線の長さは等しいから,
AE＝AF＝$x$ cm
BD＝BF＝$5-x$(cm)
CD＝CE＝$12-x$(cm)
BC＝BD＋CD より,
$(5-x)+(12-x)=13$ $x=2$

**5** △OED と △OBC において,
∠EDO＝$a$° とすると, △OED は, OD＝OE の二等辺三角形だから,
∠OED＝∠EDO＝$a$° …①
DE∥AB で, 錯角は等しいから,
∠AOD＝∠EDO＝$a$°
OD∥BC で, 同位角は等しいから,
∠OBC＝∠AOD＝$a$°
△OBC は OB＝OC の二等辺三角形だから,
∠OCB＝∠OBC＝$a$° …②
①より, ∠DOE＝180°－2$a$°
②より, ∠COB＝180°－2$a$°
したがって,
∠DOE＝∠COB …③
半円 O の半径は等しいから,
OE＝OB, OD＝OC …④
③, ④より, 2 組の辺とその間の角がそれぞれ等しいから, △OED≡△OBC
よって, BC＝ED＝6 cm
ここで, DE∥AB, OD∥BC より, 四角形 DOBG は平行四辺形だから,
BG＝OD＝4 cm
よって, CG＝BC－BG＝2(cm)
△CFG と △COB において,
共通な角だから,
∠GCF＝∠BCO …⑤
DE∥AB より, 同位角は等しいから,
∠CFG＝∠COB …⑥
⑤, ⑥より, 2 組の角がそれぞれ等しいから, △CFG∽△COB
相似比は, CG：CB＝2：6＝1：3
よって, △CFG：△COB＝$1^2$：$3^2$
＝1：9 …⑦
△COB で, 点 O から辺 BC にひいた垂

線と，辺BCとの交点をIとすると，

$BI=\frac{1}{2}BC=3$(cm) だから，三平方の定理より，

$OI=\sqrt{OB^2-BI^2}=\sqrt{4^2-3^2}=\sqrt{7}$(cm)

よって，⑦より，

$\triangle CFG=\frac{1}{9}\triangle COB=\frac{1}{9}\times\frac{1}{2}\times 6\times\sqrt{7}$

$=\frac{\sqrt{7}}{3}$(cm$^2$)

**6** 次の図において，黒くぬった部分の面積は，

△ABC－△AOD－△BOE

－おうぎ形ODE

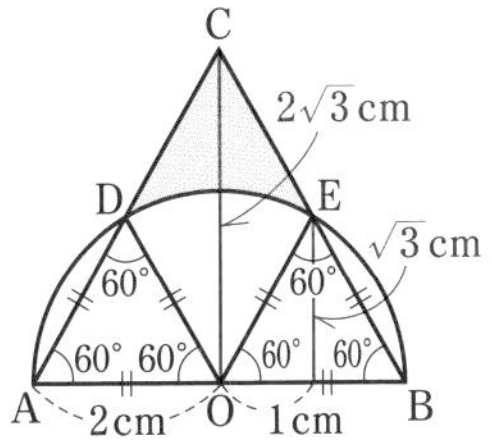


△ABCの高さCOは $1:2:\sqrt{3}$ の比より $2\sqrt{3}$ cmで，面積は

$\frac{1}{2}\times 4\times 2\sqrt{3}=4\sqrt{3}$(cm$^2$)

△AOD，△BOEの高さは，同様にして $\sqrt{3}$ cmになるので，面積は

$\frac{1}{2}\times 2\times\sqrt{3}=\sqrt{3}$(cm$^2$)

おうぎ形ODEの面積は，∠DOE＝60°より，

$\pi\times 2^2\times\frac{60}{360}=\frac{2}{3}\pi$(cm$^2$)

よって，求める面積は，

$4\sqrt{3}-\sqrt{3}-\sqrt{3}-\frac{2}{3}\pi$

$=2\sqrt{3}-\frac{2}{3}\pi$(cm$^2$)

**7** (1) ACが直径より，∠ABC＝90°

よって，

∠ACB＝180°－90°－60°＝30°

(2) AC＝2OA＝2×8＝16(cm) より，

$BC=8\sqrt{3}$ cm

よって，$CD=BC=8\sqrt{3}$ cm

∠BCD＝90° と(1)より，∠GCD＝60°

よって，$GC=\frac{1}{2}CD=4\sqrt{3}$(cm)

$DG=4\sqrt{3}\times\sqrt{3}=12$(cm)

したがって，

$\triangle DGC=\frac{1}{2}\times 4\sqrt{3}\times 12=24\sqrt{3}$(cm$^2$)

(3) 円Oの半径が8cmのとき，

△AFB∽△CFD より，

BF：DF＝AB：CD

$=8:8\sqrt{3}=1:\sqrt{3}$

$=\sqrt{3}:3$ …①

ここで，EとO，BとOを結ぶと，

△OBE と △OBC は二等辺三角形で，

∠OBE＝∠DBC－∠OBC＝45°－30°

＝15°

∠OEF＝15°

また，

∠GDE＝∠CDB－∠CDG＝45°－30°

＝15°

であるから，同位角が等しいので，

EO∥DG

よって，

EF：DF＝EO：DG＝8：12＝2：3

よって，ED：DF＝1：3 …②

したがって，①，②より，

$BF:ED=\sqrt{3}:1$

# 第10日 三平方の定理（空間図形）

**例題の解法** p.40〜41

例題１ ①$\sqrt{2}$　②$10\sqrt{2}$
③$5\sqrt{2}$　④$10$　⑤$5\sqrt{2}$
⑥$5\sqrt{2}$

例題２ ①$30°$　②$2\sqrt{3}$
③$CN^2$　④$2\sqrt{2}$　⑤$2\sqrt{2}$

例題３ ①$8$　②$96\pi$

**入試実戦テスト** p.42〜43

**1** 高さ…4 cm，体積…$12\pi$ cm$^3$

**2** 正方形 ABCD の対角線 AC と BD の交点を E とすると，

$AE=\frac{1}{2}AC=\frac{1}{2}\times\sqrt{2}AB$
$=3\sqrt{2}$(cm)

OE⊥AC だから，△OAE は ∠AEO＝90° の直角三角形。よって，三平方の定理より，

$OE=\sqrt{9^2-(3\sqrt{2})^2}$
$=3\sqrt{7}$(cm)

よって，求める体積は，

$\frac{1}{3}\times6^2\times3\sqrt{7}=36\sqrt{7}$(cm$^3$)

答 $36\sqrt{7}$ cm$^3$

**3** (1)$\sqrt{2}$ cm　(2)3 cm$^2$
(3)$\frac{4\sqrt{2}}{3}$ cm

**4** (1)$2\sqrt{6}$ cm　(2)$48\sqrt{3}\pi$ cm$^3$

**5** (1)$2\sqrt{5}$ cm　(2)$\frac{4\sqrt{5}}{5}$ cm

**6** (1)$7\sqrt{5}$ cm　(2)84 cm$^3$

## 解説

**1** この円錐の高さは，三平方の定理より，
$\sqrt{5^2-3^2}=4$(cm)
よって，その体積は，
$\frac{1}{3}\times\pi\times3^2\times4=12\pi$(cm$^3$)

**3** (1) △ABC は直角二等辺三角形より，
AB：AC＝1：$\sqrt{2}$
2：AC＝1：$\sqrt{2}$
AC＝$2\sqrt{2}$(cm)
$AH=\frac{1}{2}AC=\sqrt{2}$(cm)

(2) O から BC に垂線をひき，BC との交点を I とする。△OBC は二等辺三角形だから，I は BC の中点である。
$OI=\sqrt{(\sqrt{10})^2-1^2}=3$(cm)
$\triangle OBC=\frac{1}{2}\times2\times3=3$(cm$^2$)

(3) △OAH で，三平方の定理より，
$OH=\sqrt{(\sqrt{10})^2-(\sqrt{2})^2}=2\sqrt{2}$(cm)
よって，正四角錐（せいしかくすい） OABCD
$=\frac{1}{3}\times2^2\times2\sqrt{2}=\frac{8\sqrt{2}}{3}$(cm$^3$)
また，三角錐 ABCO
＝正四角錐 OABCD$\times\frac{1}{2}=\frac{4\sqrt{2}}{3}$(cm$^3$)
求める距離を $h$ cm とし，
三角錐 ABCO の底面を △OBC と考えると，
$\frac{1}{3}\times\triangle OBC\times h=\frac{4\sqrt{2}}{3}$
$\frac{1}{3}\times3\times h=\frac{4\sqrt{2}}{3}$　$h=\frac{4\sqrt{2}}{3}$

**4** (1) △ABG は，∠ABG＝90° の直角三角形である。
三平方の定理より，
BG＝$6\sqrt{2}$ cm
$AG=\sqrt{6^2+(6\sqrt{2})^2}=6\sqrt{3}$(cm)
$\triangle ABG=\frac{1}{2}\times6\times6\sqrt{2}=18\sqrt{2}$(cm$^2$)
求める高さを $h$ cm とし，

△ABG の底辺を AG と考えると，

$\frac{1}{2}\times6\sqrt{3}\times h=18\sqrt{2}$

$h=2\sqrt{6}$

(2)次の図のように円錐を 2 つ組み合わせた立体になる。

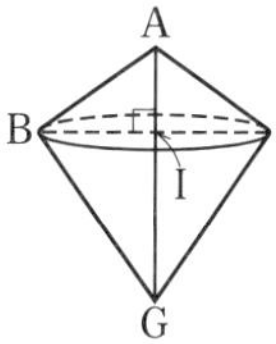


AI$=a$ cm，GI$=b$ cm とすると，2 つの立体の体積の和は，(1)より

BI$=2\sqrt{6}$ cm だから，

$\frac{1}{3}\pi\times(2\sqrt{6})^2\times a+\frac{1}{3}\pi\times(2\sqrt{6})^2\times b$

$=\frac{1}{3}\pi\times(2\sqrt{6})^2\times(a+b)$

$=\frac{1}{3}\pi\times(2\sqrt{6})^2\times6\sqrt{3}$

$=48\sqrt{3}\pi(\text{cm}^3)$

**5** (1)△ADM は ∠MAD$=90^\circ$ の直角三角形で，MA$=\frac{1}{2}$AB$=2$(cm) だから，

三平方の定理より，

DM$=\sqrt{2^2+4^2}=2\sqrt{5}$(cm)

(2)まず，三角錐 N−MDE の体積 $V$ を求める。△MDE は，底辺が 4 cm，高さが 4 cm だから，

△MDE$=\frac{1}{2}\times4\times4=8(\text{cm}^2)$ …①

△ABC において，中点連結定理より，

MN$=\frac{1}{2}$BC$=2$(cm) …②

①，②より，

$V=\frac{1}{3}\times8\times2=\frac{16}{3}(\text{cm}^3)$ …③

次に，△NDE の面積を求める。

△AMN は ∠AMN$=90^\circ$ の直角二等辺三角形だから，

AN$=\sqrt{2}$AM$=2\sqrt{2}$(cm)

△ADN は ∠NAD$=90^\circ$ の直角三角形だから，

DN$=\sqrt{(2\sqrt{2})^2+4^2}=2\sqrt{6}$(cm) …④

△ANE は ∠ANE$=90^\circ$ の直角三角形だから，

NE$=\sqrt{(4\sqrt{2})^2-(2\sqrt{2})^2}=2\sqrt{6}$(cm) …⑤

④，⑤より，△NDE は，

ND$=$NE$=2\sqrt{6}$(cm) で，底辺が 4 cm の二等辺三角形だから，その高さは，

$\sqrt{(2\sqrt{6})^2-2^2}=2\sqrt{5}$(cm)

よって，

△NDE$=\frac{1}{2}\times4\times2\sqrt{5}$

$=4\sqrt{5}(\text{cm}^2)$ …⑥

三角錐 N−MDE の底面を △NDE と考えれば，③，⑥より，

$\frac{1}{3}\times4\sqrt{5}\times$MH$=\frac{16}{3}$

これを解いて，MH$=\frac{4\sqrt{5}}{5}$(cm)

**6** (1)求める線は，次の図の ED だから，

ED$=\sqrt{7^2+(5+4+5)^2}=7\sqrt{5}$(cm)

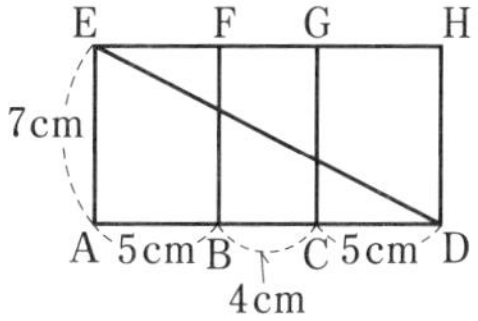


(2)FB を通り AD に垂直な平面と GC を通り AD に垂直な平面とで，立体を 3 つに分ける。

次の図で，△ABP は直角三角形で，

AB$=5$ cm，AP$=3$ cm

だから，

BP$=\sqrt{5^2-3^2}=4$(cm)

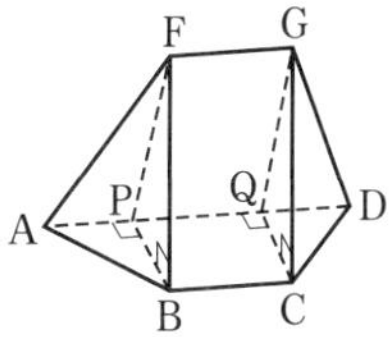

三角錐 F-ABP
＝三角錐 G-DCQ
$=\frac{1}{3}\times\left(\frac{1}{2}\times3\times4\right)\times7=14(\text{cm}^3)$
三角柱 FBP-GCQ
$=\frac{1}{2}\times4\times7\times4=56(\text{cm}^3)$
よって，求める体積は，
$14\times2+56=84(\text{cm}^3)$

## 総仕上げテスト

▸p.44〜47

**1** (例)

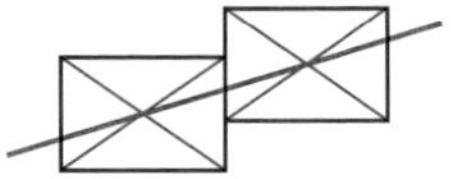

**2** (1)**2cm**　(2)**120°**

**3** (1)**△ADE と △DCG において，**
**正方形の 4 辺は等しいから，**
**AD＝DC　…①**
**仮定より，**
**∠AED＝∠DGC＝90°　…②**
**また，△ADE で，**
**∠DAE＝90°－∠ADE　…③**
**∠CDG＝90°－∠ADE　…④**
**③，④より，**
**∠DAE＝∠CDG　…⑤**
**①，②，⑤より，直角三角形の斜辺と 1 つの鋭角がそれぞれ等しいから，**
**△ADE≡△DCG**

(2) $\mathbf{\frac{65}{12}}$ **cm**

**4** (1) $\mathbf{6\sqrt{2}}$ **cm**　(2)**7 cm**

(3) $\mathbf{\frac{64\sqrt{2}}{3}}$ **cm²**

**5**

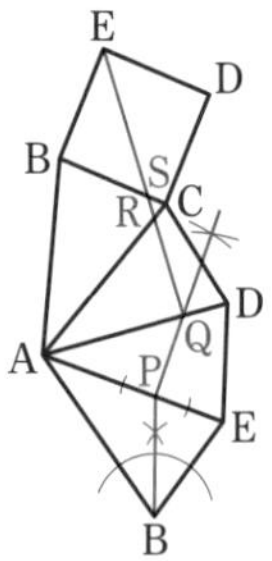


**6** (1)**△FAB と △FED において，**
**AB＝CD＝ED　…①**

$\angle BAF = \angle DCB$
$= \angle DEF = 90°$ …②
対頂角は等しいから，
$\angle AFB = \angle EFD$ …③
②，③より，三角形の内角の和は 180° だから，
$\angle ABF = \angle EDF$ …④
①，②，④より，1組の辺とその両端の角がそれぞれ等しいから，
$\triangle FAB \equiv \triangle FED$
(2) $\dfrac{384}{5}\pi\ cm^3$

**7** $\triangle ABF$ と $\triangle ACE$ において，
$\overset{\frown}{AE}$ に対する円周角だから，
$\angle ABF = \angle ACE$ …①
$\overset{\frown}{BD}$ に対する円周角だから，
$\angle BAF = \angle BCD$
$\overset{\frown}{CE}$ に対する円周角だから，
$\angle CAE = \angle CBE$
BE∥DC より，平行線の錯角は等しいから，
$\angle BCD = \angle CBE$
よって，$\angle BAF = \angle CAE$ …②
①，②より，2組の角がそれぞれ等しいから，
$\triangle ABF \backsim \triangle ACE$

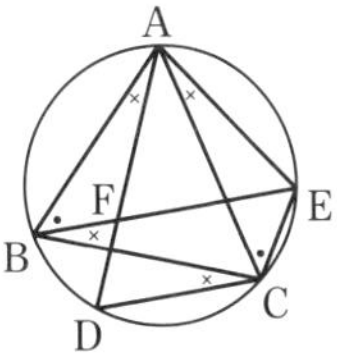


**8** (1) 2 cm　(2) 28 $cm^3$
(3) $3\sqrt{3}$ cm

**9** $\dfrac{27}{2}$ cm

**10** (1) $\triangle ABC$ と $\triangle FPC$ において，
共通な角だから，
$\angle ACB = \angle FCP$ …①
仮定より，AB∥GP で，平行線の同位角は等しいから，
$\angle CAB = \angle CFP$ …②
①，②より，2組の角がそれぞれ等しいから，
$\triangle ABC \backsim \triangle FPC$
(2) ① 4 cm　② $(18-12\sqrt{2})$ $cm^2$

## 解説

**1** ほかにも，辺 AB，辺 CD の中点を結ぶ直線などがある。ポイントは，直線 AC と直線 BD の交点(対称の中心)を通ることである。

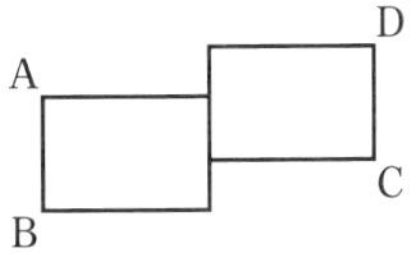


**2** (1) A から BC に垂線 AG をひくと，
$\triangle AGB$ は直角二等辺三角形で，
DF＝AG＝BG＝CG＝2 cm
(2) DC＝4 cm，DF＝2 cm，
$\angle DFC = 90°$ だから，$\triangle DCF$ は
$\angle DCF = 30°$ の直角三角形である。
$\triangle CBD$ は二等辺三角形より，
$\angle CBE = 30° \div 2 = 15°$
よって，$\triangle EBC$ において，
$\angle BEC = 180° - (15° + 45°) = 120°$
対頂角は等しいから，
$\angle AED = \angle BEC = 120°$

**3** (2) AE＝DG＝$x$ cm とおく。

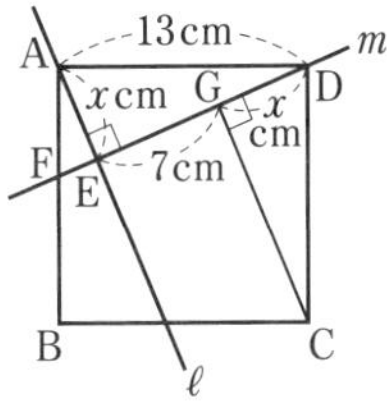

△AED で三平方の定理より，
$13^2=x^2+(x+7)^2$
$x^2+7x-60=0$
を解いて，$x=5$，$x=-12$
$x>0$ だから，$x=5$
△ADE∽△FAE より，
DE：AE＝DA：AF
よって，12：5＝13：AF
$\mathrm{AF}=\frac{65}{12}$ cm

**4** (1)底面の正方形 ABCD の対角線の交点をHとすると，OH が求める高さである。
$\mathrm{OH}=\sqrt{9^2-3^2}=6\sqrt{2}$(cm)
(2)AB，DC の中点をそれぞれE，F，OF と水面との交点をGとする。
∠EGO＝90° だから，次の図の△EOF で，GO＝$x$ cm とおくと，
$9^2-x^2=6^2-(9-x)^2$
これを解いて，$x=7$

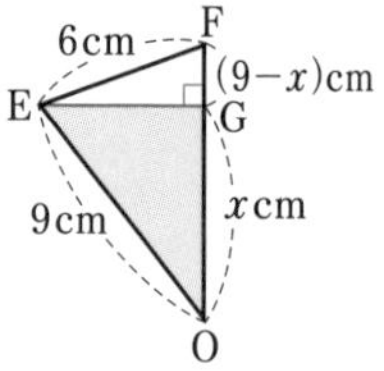


(3)水面と CO，DO との交点をそれぞれJ，Kとすると，水面がつくる図形は等脚(とうきゃく)台形 KABJ である。
△OCD∽△OJK で相似比が 9：7 であるから，
$\mathrm{JK}=6\times\frac{7}{9}=\frac{14}{3}$(cm)
高さは(2)での EG だから，
$\mathrm{EG}=\sqrt{9^2-7^2}=4\sqrt{2}$(cm)
よって，
$\frac{1}{2}\times\left(\frac{14}{3}+6\right)\times4\sqrt{2}=\frac{64\sqrt{2}}{3}$(cm²)

**5** まず，∠ABE の二等分線を作図し，辺 AE との交点をPとする。次に，点Pを通り，辺 AE に垂直な直線をひき，辺 AD との交点をQとする。この点Qと点Eを直線で結び，辺 AC，BC との交点をそれぞれR，Sとする。

**6** (2)点Eから BD までの距離を $x$ cm とする。

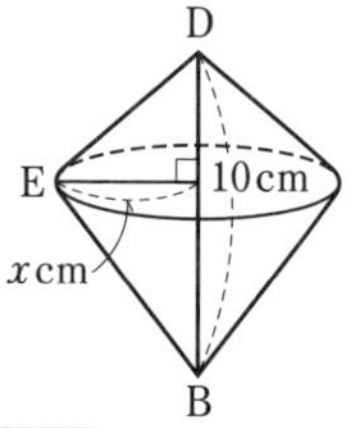


$\mathrm{BD}=\sqrt{8^2+6^2}=10$(cm)
より，△BDE の面積から，
$\frac{1}{2}\times8\times6=\frac{1}{2}\times10\times x$　$x=\frac{24}{5}$
よって，BD を軸として1回転させた回転体は，半径 $\frac{24}{5}$ cm の円を底面とした円錐を2つ重ねた形になる。
体積は，
$\frac{1}{3}\times\pi\times\left(\frac{24}{5}\right)^2\times10=\frac{384}{5}\pi$(cm³)

**7** 円周角の定理と平行線の性質を利用して，2組の角がそれぞれ等しいことを示す。

**8** (1)△OAB で，E，F は OA，OB の中点だから，中点連結定理より，
$\mathrm{EF}=\frac{1}{2}\mathrm{AB}=2$(cm)
(2)正四角錐 OABCD の体積は，
$\frac{1}{3}\times4^2\times6=32$(cm³)
正四角錐 OEFGH と正四角錐 OABCD の相似比は 1：2 だから，体積比は，
$1^3:2^3=1:8$
立体Kの体積は，正四角錐 OABCD の $\frac{7}{8}$ になる。
$32\times\frac{7}{8}=28$(cm³)
(3)△ABC で三平方の定理より，

$AC=\sqrt{2}AB=4\sqrt{2}$(cm)

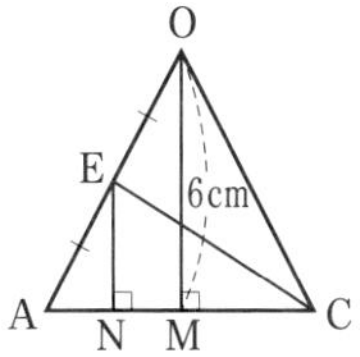


線分 AC の中点をMとすると，
△OAM で三平方の定理より，
$OA=\sqrt{(2\sqrt{2})^2+6^2}=2\sqrt{11}$(cm)
$=OC$
E から AC へ垂線 EN をひくと，
$EN=\frac{1}{2}OM=3$(cm)
AN：NM＝AE：EO＝1：1 より，
$NM=\frac{1}{2}AM=\sqrt{2}$(cm)
$NC=NM+MC$
$=\sqrt{2}+2\sqrt{2}=3\sqrt{2}$(cm)
△ENC で三平方の定理より，
$EC=\sqrt{3^2+(3\sqrt{2})^2}=3\sqrt{3}$(cm)

**9** この円錐の側面は半径 9 cm のおうぎ形だから，中心角を $x°$ とすると，
$x:360=2\pi\times3:2\pi\times9$
これを解いて，$x=120$
よって，おうぎ形 CAB の中心角は，
$120°\div2=60°$
したがって，この円錐の側面の展開図は図のようになる。

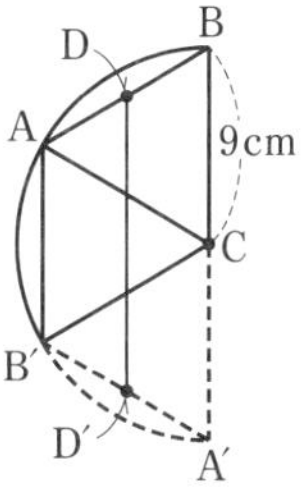


点 D，D′ はそれぞれ線分 AB，A′B′ の中点だから，求める長さは，
$DD'=\frac{1}{2}BC\times3=\frac{1}{2}\times9\times3=\frac{27}{2}$(cm)

**10** (1)平行線の同位角は等しいことを利用する。

(2)① $AO=\frac{1}{2}AC=\frac{1}{2}\times6=3$(cm)
ひし形の対角線は垂直に交わるから，
△ABO において三平方の定理より，
$BO=\sqrt{AB^2-AO^2}=\sqrt{5^2-3^2}$
$=4$(cm)
② △BPE≡△EOF より，
△CFP＝△COB だから，
△CAB：△CFP
＝△CAB：△COB＝2：1
(1)より，△ABC∽△FPC だから，その相似比は $\sqrt{2}:1$
よって，$CA:CF=\sqrt{2}:1$ だから，
$AF:CF=(\sqrt{2}-1):1$
また，△AFG∽△CFP だから，その面積比は，
$\triangle AFG:\triangle CFP=(\sqrt{2}-1)^2:1^2$
したがって，
$\triangle AFG=(\sqrt{2}-1)^2\triangle CFP$
$=(\sqrt{2}-1)^2\triangle COB$
$=(\sqrt{2}-1)^2\times\frac{1}{2}\times CO\times BO$
$=(\sqrt{2}-1)^2\times\frac{1}{2}\times\frac{6}{2}\times4$
$=18-12\sqrt{2}$ ($cm^2$)

**Check Point**

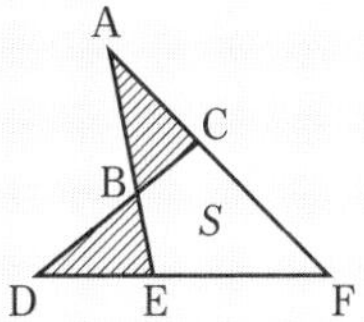


四角形 CBEF＝$S$ とすると，
△AEF＝△ABC＋$S$
△CDF＝△BDE＋$S$
であるから，
△ABC＝△BDE のとき，
△AEF＝△CDF

# メモ

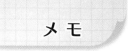